高校修缮工程审计管理

孙培芹　梅　胜　编著

山东大学出版社
SHANDONG UNIVERSITY PRESS
·济南·

图书在版编目(CIP)数据

高校修缮工程审计管理/孙培芹,梅胜编著.
济南:山东大学出版社,2024.7.--ISBN 978-7-5607-8405-2

Ⅰ. TU244.3

中国国家版本馆 CIP 数据核字第 202423DP25 号

责任编辑　李　港
封面设计　王秋忆

高校修缮工程审计管理
GAOXIAO XIUSHAN GONGCHENG SHENJI GUANLI

出版发行　山东大学出版社
社　　址　山东省济南市山大南路 20 号
邮政编码　250100
发行热线　(0531)88363008
经　　销　新华书店
印　　刷　山东和平商务有限公司
规　　格　720 毫米×1000 毫米　1/16
　　　　　10.5 印张　190 千字
版　　次　2024 年 7 月第 1 版
印　　次　2024 年 7 月第 1 次印刷
定　　价　60.00 元

前 言

工程修缮是工程项目全生命周期管理的一项重要内容，其目的在于延长建筑物、构筑物的使用寿命和改善房屋的使用效果。同时，从更宏观的角度来看，它也是发展经济、改善民生、调整产业结构、满足人民日益增长的美好生活需要的重要实现途径。近年来，随着经济的飞速发展、城镇化水平的提升，以及人们对生活质量要求的提高，修缮工程的投资规模越来越大。根据中研普华产业研究院的研究报告，2023 年中国房屋修缮行业市场规模达到 3.54 万亿元。与之相对应，随着我国教育事业的发展，高校系统的修缮工程建设资金不断增加，建设规模不断扩大。

为了加强管理，避免损失浪费，我国加大了对修缮工程项目的审计力度，教育主管部门对高校建设工程、修缮工程审计提出了更高要求。2000 年，教育部发布《关于进一步加强建设工程、修缮工程项目审计的通知》（教财〔2000〕16 号），认为“开展建设工程、修缮工程项目审计是一项十分重要的任务”，要求教育系统各部门、各单位对各种资金来源的建设工程、修缮工程项目进行审计。修缮（装饰）工程项目审计的资金起点可根据本部门、本单位的具体情况自行确定。2016 年《教育部关于加强直属高校建设工程管理审计的意见》（教财〔2016〕11 号）更是要求实行建设工程管理审计全覆盖。高校各类资金来源的新建、改扩建及修缮工程均应纳入审计范围。高校要结合实际情况，充分考虑审计资源状况，科学规划，统筹安排，有重点、有步骤、有深度、有成效地推进建设工程管理审计全覆盖。同时，高校要完善建设工程管理审计结果运用机制。高校有关部门要按照审计意见和建议，认真落实整改，对整改不力、屡审屡犯、造成损失的，要严格追责问责。

修缮工程审计一直是高校审计部门的一项重要职责，在促进经济建设合法合规运行、改进建设市场管理水平、提高投资效率和效益、查处经济犯罪和贪污腐败等方面一直发挥着重要作用。通过审计，降低了工程造价，节约了工程投资，同时促使修缮部门加强管理、堵塞漏洞，提高了资金的使用效益，维护了高校的合法权益。但从高校修缮工程审计实践来看，仍然存在着一些审计风险点和不足，如修缮工程专业审计力量不足，审计制度不健全不完善、审计流程不清晰，事后监督多、事前事中监督不足，审计技术方法传统、效率不高等问题。如何提高高校修缮工程管理效能、确保工程质量、提高资金利用率一直是内控管理和工程审计的难题。

笔者有着超过20年的高校修缮工程审计实践经验，是高校修缮工程审计的亲历者和实践者。笔者经过深入探索和研究，写成这本关于高校修缮工程审计的读物，既是对过往工作的总结，更是与行业同仁的分享交流。本书由孙盈、念晓飞、李光宇、徐鹏旭、李光耀协助编著，在此表示感谢。

由于水平有限，难免存在疏漏甚至错误，衷心希望广大读者提出宝贵意见并及时反馈给我们，共同推进新时代高校修缮工程审计工作的规范化、法治化、科学化、现代化进程。

孙培芹　梅　胜

2024年6月

目　录

第1章 高校修缮工程审计概述

高校修缮工程管理是一项综合性强、涉及面广的工作，既包含复杂、烦琐的施工管理，也需要对工程质量进行监理，对项目成本予以控制，对工程进度加以把握，是对高校修缮工程项目的工程质量、资金使用、施工进度等各个环节进行组织、协调、管理的工作。本章对高校修缮工程的基本概念、基础知识以及高校修缮工程审计所涉及的基础知识进行阐述，分析了社会修缮工程审计与高校修缮工程审计存在的异同，还分析了高校修缮工程审计的地位和作用。

1.1 高校修缮工程的内涵

修缮工程是延长建筑物、构筑物使用寿命和改善房屋使用效果的工程，与房屋新建项目有着相同的管理过程，但又有不同的工程特点。随着我国教育事业的飞速发展，为适应新的科技发展需要、保留高校建筑自身的文化价值，高校修缮工程任务量变得更大、业务范围变得更广、修缮要求变得更高，相应地对高校修缮工程审计也提出了更高要求。

1.1.1 修缮工程的内涵

1.1.1.1 修缮工程的概念

建筑物或构筑物从建成使用之日起，其结构、功能、材料、设施等方面会因为自然、人为使用、生物、地理和灾害等因素而不断被消耗、损坏。为了全面或部分地恢复失去的使用功能，防止和控制其破损的继续发展，就必须对其进行维护、项目更新改造、设备保养、维修、更换、装饰、装修、加固等施工作业，因此该工程被称为修缮工程。修缮工程可以延长建筑物、构筑物的使用寿命和改善房屋的使用效果，故又称其为房屋新建工程的“延续施工”。

与房屋新建工程相比，房屋修缮工程除拥有一样的全部管理过程和相关要求外，还具有其自身的特点，如表 1-1 所示。

表 1-1　房屋修缮工程与房屋新建工程特点的对比

项目	房屋修缮工程	房屋新建工程
管理对象	既有房屋或旧房屋	新建房屋
工作内容	维修（拆除）、建筑（加固、砌筑）、安装、装饰、装修、检测等	建筑（土石方、基础、钢筋混凝土、屋面等）、安装、装饰、装修等
建设周期	相对较短	较长
资金投入	相对较小	较大
操作程序	突发事件、不可预见的情况较多，难以按照正常顺序执行	有一套相对固定的工作顺序
工作面	原建筑物内，多为室内作业	建筑红线内，多为露天作业
环境因素	影响相对较小	影响较大
场地限制	较大	较小
风险主要来源	市场价格、改造内容不确定	市场价格、地质条件
风险的可控性	无预警信息的风险事件相对较多	有预警信息的风险事件较多
风险影响造价的相对程度	较大	较小
建筑材料	大部分是新的，也存在旧料利用	全部是新的

1.1.1.2　修缮工程的目的与作用

房屋修缮的目的与作用可以简单概括为“安全、挖潜、美化、节能”，具体表述如下：

1)确保安全。通过对房屋损坏结构采取加固、补强等措施，恢复和提高房屋的安全性能，这是房屋修缮最主要的目的。

2)挖潜增效。通过改变房屋的使用目的、改善房屋的使用功能、提高房屋的质量要求等，以适应当前和未来的使用需求，是实现房屋资源循环再利用的有效手段。有统计数字表明，总体上，再利用成本比新建同样规模、标准的建筑可节省 20%～50%的费用。

3)美化环境。改善房屋的外观，以达到同整体环境相协调的效果，起到美化环境的作用。

4)节能降耗。将新工艺、新技术、新材料等运用于既有房屋中，可以显著降低水、电、气等能源的消耗，减少污染，有利于保护环境。相较于拆除新建房屋，对既有建筑的改造和再利用是实现建筑业节能减排的一条不错的出路。

1.1.1.3　修缮工程的实施原则

修缮工程的实施原则可以概括为以下两个方面：

1)“经济、合理、安全、实用”的原则。修缮工程要坚持“经济、合理、安全、实用”的原则。经济，就是要加强对修缮成本、修缮资金的管理，合理使用人力、物力、财力，尽量做到少花钱、多办事、办好事。合理，就是要制订合理的修缮工程计划和方案。安全，就是要通过修缮工程，确保使用安全。实用，就是要从实际出发，因地制宜、因房制宜。

2)“区别对待”的原则。区别对待是指对不同类型、不同建筑风格、不同结构、不同等级标准的房屋应采取不同的修缮标准和装修方案。根据房屋建筑的年限，可把房屋大致划分为新建房屋和旧房屋(一般指房龄在 15 年以上的)两大类。对于新建房屋，修缮工作主要是做好房屋的日常养护，保持原貌和使用功能。对于旧房屋，应根据建造的历史时期、房屋结构、房屋质量状况、房屋使用标准、环境以及所在地区的特点等综合条件，综合城市总体规划要求，分别采取不同的修缮方案。

1.1.1.4　修缮工程的分类

根据修缮规模和修缮范围，修缮工程可分为以下几种类型：

1)小修工程,也称零修工程或养护工程,是指及时修复小的损坏,保持建筑物原有完好程度的日常零修或养护工程。这类工程的特点是项目简单,零星分散,量大面广,时间要求急迫。其工程量虽小,但都关系到建筑物的使用功能需求,必须及时修理。

2)中修工程,指建筑物少量部位已损坏或不符合建筑结构的要求,需要进行局部修缮,在修缮中只牵动或拆换少量主体构件,而保持原建筑物规模和结构的工程。这类工程的特点是修缮内容较多,工程量较大,具有周期性的特点。中修工程主要适用于一般损坏的建筑物,一次中修的费用在该建筑物同类结构新建造价以下。中修后的建筑物必须符合基本完好或完好的标准要求。

3)大修工程,指建筑物主体结构的大部分已严重损坏,有倒塌或局部倒塌的危险,必须进行拆换、改装、新装的工程。这类工程在修缮中需牵动或拆换部分主体构件,但不需全部拆除。这类工程的特点是修缮内容齐全,具有整体性。大修工程一般都和建筑物的抗震加固、局部改善建筑物的建筑功能或使用条件相结合。大修工程适用于严重损坏的建筑物,若不进行修缮建筑物就不能继续使用。大修后的建筑物必须符合基本完好或完好的标准要求。

4)翻修工程,指将原建筑物全部拆除后,另行设计,在原地或移动后更新建造的工程。翻修时应尽量利用原建筑物的构件或材料,其费用要低于同类结构的新建工程。翻修后的建筑物必须符合完好的标准要求。

5)综合修缮工程,是指成片多幢建筑物或面积大的单幢建筑物大部分严重损坏,需进行有计划的成片修缮和为改变整片(幢)建筑物面貌的修缮工程,即大、中、小修一次性应修尽修的工程。其费用控制在该片(幢)建筑物同类结构新建造价以下。综合修缮后的建筑物必须符合基本完好或完好的标准要求。

1.1.2　高校修缮工程及其项目管理的概念

1.1.2.1　高校修缮工程的概念

高校修缮工程是对高校既有建筑物及其周边配套基础设施进行修缮改造的工程。本书中的“高校”是指国境内、教育部直属、全日制公办的普通高等学校。本书中“高校修缮工程”这个术语涵盖的范围广泛,既包括高校的历史建筑，也包括现代建筑；既可以是民用建筑（如宿舍、教学楼、食堂、办公楼、图书馆、会堂、体育馆等），也可以是工业建筑（如进行实验测试的厂房等）；还可以是园林绿化、市政道路等。

1.1.2.2　高校修缮工程项目管理的概念

高校修缮工程项目管理是指在高校修缮工程的整个建设周期内，运用系统工程的管理方法，对项目进行全面、高效的规划、决策、计划、组织、协调、控制等，在规定的时间内，在限定的资源如资金、劳动力、信息、机械设备、材料、市场等条件下，在安全的运行环境中，在投资控制范围内，保质、保量、准时完成修缮任务。安全是否到位、质量是否合格、成本是否合算、进度是否合理是高校修缮工程项目管理目标的四个最主要方面。

高校修缮工程项目管理是一种一次性的管理，即一次性的目标任务、一次性的项目组织、一次性的综合管理、一次性的资源投入、一次性的生产过程等，所以要一次性获得成功，就必须对工程项目中的每个环节进行精心安排、细化管理。这是一种全过程的综合性管理，其中涉及供货、施工、设计、监理等行业，覆盖建筑、结构、给排水、电器照明、暖通、消防等专业，受环境、资源消耗、质量标准、功能需求等约束，所以要把各阶段、各环节、各项工作以及各类人员井然有序地组织起来，进行统筹规划、合理安排，以确保在时间上不间断、空间上不脱节，从而完成既定任务、实现预期目标。这是一种标准化、规范化的管理，在这个专业技术性非常强的领域只有遵循其运行规律，才能降低经验型管理带来的风险，真正做到科学管理，确保项目管理的高效率和高成功率。

1.2　高校修缮工程的特点及其项目管理的作用和阶段

高校修缮工程以小修工程居多，涉及的工程类型多，工期较短，造价较低。此外，高校修缮工程还具有项目多、分布零散的特点。另外，因教学科研工作的特殊性，高校修缮工程施工基本安排在寒暑假，工作内容细碎、工期要求较紧，进一步增加了高校修缮工程管理和审计工作的困难。

1.2.1　高校修缮工程与社会修缮工程的特性比较

1.2.1.1　高校修缮工程的特点

高校修缮工程与全校师生的学习生活息息相关。随着高校建设发展速度的提升，修缮工程造价金额占高校基建修缮经费的比重逐年增加，工程成本控制已然成为工程管理部门的重点工作内容。建设资金投资效益的提高，必须从工程项目全过程管理入手，完善并严格执行修缮工程项目管理制度，提高管理团队技术水平并定期开展业务培训；高度重视事前控制阶段管理，科学决策，图纸设计趋向专业化，同时规范工程招标程序；事中控制阶段将信息化管理模式引入全过程管理实践中，抓住每一个工程步骤的关键，平稳有序地开展工作。

高校修缮工程以装饰、安装为主，结构加固为辅，根据功能需求，对原工程进行拆除和改变。

高校修缮工程的基本特点如下：

1)内容庞杂，专业性强。高校修缮工程主要涉及校园基础设施改造、装饰、装修、安装、园林绿化、修缮、市政等内容，涵盖建筑与装饰工程、安装工程、市政工程、园林绿化工程、维修与加固工程等专业，种类繁多而且数量众多。因为科研、实验的特殊性，部分项目(空气净化等)对施工单位专业性要求较高，对施工人员的专业技术水平要求也较高。

2)工期紧张，突发性强。高校校园里既有师生正常的教学活动，也有科研、学生实践和课外活动等活动，为保证这些活动不受影响或少受影响，高校修缮工程大多趁假期进行，工期紧张。另外还有部分修缮工程由突发问题所致，需要临时抢修，对效率的要求更高。

3)项目规模小，单项费用低。高校修缮工程基本都是按照年度申报的修缮计划开展各项工作，单个工程规模较小且费用相对固定。修缮工程经费往往来自政府资金专项拨款和高校自有资金，若高校应对突发修缮工程的能力不足，容易导致修缮工程经费不足，工程实施进度缓慢。

1.2.1.2　高校修缮工程与社会修缮工程相比的特殊性

高校修缮工程是一项烦琐复杂的系统性工作，涉及土木建筑、设施安装、装饰装修、景观绿化等多项具体工作。修缮工程项目管理包括项目立项、招标、预算、施工、结算等多个环节。修缮工程的规模具有很强的不确定性，如某高校修缮工程结算金额 2018 年不到 8000 万元，2019 年超过 2 亿元。各修缮工程单项的实际耗资也不相同，从数千元到数千万元不等。此外，高校修缮工程的施工地点具有很强的不确定性，工程施工管理缺乏制度规范的约束。如何提高高校修缮工程项目管理效能、确保工程质量、提高资金利用效率一直是内控管理的难点。

高校建筑物具有自身的特性。从类型上看，高校建筑物主要有学生宿舍、食堂、教学楼、实验楼、图书馆、办公楼、会议中心、体育馆、运动场(馆)、专家公寓、学生活动中心、教工活动中心等，这些建筑物都是为教学、科研、生活，以及学生和教工开展各类教育教学活动服务的，它们拥有基础支撑功能，具有非营利性特点。因为服务于广大师生，是人群聚集的场所，所以建筑物规模通常比较大。同时，由于提供的是教学、科研功能，所以在装修、装饰上不要求奢华。又由于使用频繁、人数众多，所以高校建筑物及其内部附属物必须安全可靠、坚固耐用。

上述特性决定了高校修缮工程具有不同于社会上房屋修缮工程的特殊性，主要包括：

1)修缮改造对象上的多样性。高校的特殊性决定了修缮改造工程对象的多样性。有用于教学的场所，如教学楼、体育馆；有提供生活服务的场所，如食堂、超市；有提供居住的场所，如学生宿舍、专家公寓等。由于项目种类很多，除了项目性质存在差异外，其功能要求、建设标准、规模大小等均不一样，所以修缮的具体情况也是因项目而异，差别很大。

2)修缮改造设计风格上的文化性。高校修缮改造的建筑物中，有相当一部分都是见证了学校发展历史的古建筑，也有一部分是建设年代不远，但设计功能相对落后，需要改造以发挥新的潜质的房屋设施。因此，高校修缮工程项目在设计风格上要与该高校整体文化氛围、建筑群落、独特的建筑风格及周边的环境相统一、相匹配，从而相互映衬，投映出良好的育人氛围，使高校历史文脉得以赓续，文化性得到延续，这已成为高校修缮工程的一个发展趋势。

3)修缮建设周期上的突击性。由于房屋修缮的对象主要是正在使用的教学科研楼、学生宿舍等，为了确保学校的正常教学、科研活动和师生生活不受或少受影响，绝大多数大型修缮工程主要集中在假期进行，放假后即刻施工，开学后立即投入使用，工期绝不能有所拖延，时间非常紧张，而且周期性很强。

4)经费有限与高标准需求之间的矛盾性。高校修缮经费的管理者，也就是修缮项目的管理者，和建筑物的使用者是相分离的。项目管理人员的职责之一就是要有效控制项目成本，避免出现“三超”现象(即概算超估算，预算超概算，结算超预算）。房屋使用者则带着“修缮一次不容易，要修就按最好的标准修”的想法来看待和配合修缮工作。他们往往在配套设施上要求使用高标准的材料或配件，在内部装修上讲究使用更好的材料和美观的装饰。经费有限和修缮高标准需求之间具有一定的矛盾性。

5）修缮工程的微利性。由于高校修缮的建筑物是用于非营利性的教学、科研活动，属于公益事业的项目，这就决定了对建筑物的修缮达到“安全可靠、经济实用”的标准即可，在经费紧缺的情况下，不可能把有限的经费投放到某一个修缮项目上以达到相对奢华的目的。这些修缮项目均需反复测算，以求“花更少的钱办更多的事”。所以，对于承接高校修缮工程任务的施工单位来说，也不可能从中获得巨额利润，只能保证其在回收成本的基础上略有盈余，取得微利。

6）工程量小，工程内容繁杂无序。实践证明，高校修缮工程绝大多数属于小修，仅有少部分建筑物会实施中修或大修，而翻修和综合修缮更是很少发生。所以，与新建工程相比，修缮工程的工程量比较小，但由于会涉及设备保养、维修、更换、装饰、装修等内容，故修缮工程的内容又十分繁杂，且无规则可循。

7）工程地点多变。因为建筑物是修建在各自固定的地点，所以修缮工程不能在单一、固定的场所内进行施工，这就产生了修缮施工地点的多变性。而且由于修缮施工环境的不同，临时设施和安全文明施工措施的安排也各不相同。

8）工序为先拆后建。与新建工程直接在空置场地实施施工作业不同，由于修缮工程是以恢复、改善使用功能，延长建筑物、构筑物使用寿命为目的，因此在实施各类修缮工程前都需要对原有已损坏或老化的设备、设施进行拆除，以便为修缮工程提供施工作业面。修缮工程是对现有建筑物进行修缮，修缮内容根据建筑物修缮设计方案确定。因此，修缮施工受建筑物修缮内容、结构形式和内部布局的限制，施工效率明显低于新建工程。同时，由于不同建筑物的修缮部位、修缮内容各不相同，使得施工作业连续性差，不太可能以理想的流水步距和流水节拍组织施工。所以，高校修缮施工中的组织形式和管理方法没有固定模式，必须视实际情况而定。

9）过程中不可预见因素多。由于修缮工程施工工序需要先拆后建，加之经常出现如需修缮改造的建筑物的技术资料不齐全、隐蔽工程情况不明等情况，使得修缮施工过程中可变因素多、不可预见因素也多。在修缮过程中，各种难以预测的、潜在的问题会逐一被发现，这些问题往往会造成施工、技术方案不断变化，影响施工工期及工程造价。所以，施工过程中出现不可预见的变化是修缮工程的普遍现象。

10)施工机械使用不平衡。修缮工程不同于新建工程，受修缮内容、规模、施工方法、周边环境等因素的限制，往往会造成施工机械的使用不平衡。例如，有些修缮项目只能用到很少的施工机械，甚至有些部位在施工时根本无法使用施工机械等，造成施工机械的使用不平衡。所以，修缮工程施工过程中的施工机械调配应视修缮工程的实际情况而定。

11)修缮材料与工艺要求难度大。建筑物建造年代不同导致了建筑物类型、结构形式和建筑材料标准各不相同。例如，有些建筑物建造时间与修缮时间跨度很大，有些建筑物须修缮项目繁多，有些建筑物须使用特别定制的修缮材料，更有部分重要的近代建筑物须使用与现代建筑修缮存在明显差异的施工工艺和建筑材料。

12)修缮投资来自国家财政预算。与一般修缮工程不同，高校修缮工程的投资绝大多数来自国家财政预算，因此在预算、采购、财务等方面会有比一般修缮工程更多的规定和限制。同时，由于使用的是国家财政预算，所以在财政性资金修缮工程的预算申报、采购、实施、结算等各个环节、各项活动中都要经过严格的审计。

13)修缮财政预算编报过早。修缮财政预算属于国家财政预算中的政府采购预算，需要随各单位的年度财政预算一并上报。按照我国各级人民代表大会会议召开时间及《中华人民共和国预算法》规定的财政预算提交时间粗略计算，为了保证按时提交年度预算，我国使用财政资金的单位一般需要至少提前两个月启动年度预算编制工作，即每年的 10 月开始启动下一年度财政预算的编制工作，如果需要更多、更复杂的审批流程，往往每年 8～9 月就要启动编制工作。

14)修缮采购执行政府采购。根据《中华人民共和国政府采购法》及其实施条例规定，预算在 400 万元以下的财政性资金修缮工程，应根据不同预算金额，分别执行定点采购、限额内定点邀请招标或竞争性谈判；预算在 400 万元以上的财政性资金修缮工程，除涉密等特殊项目外，应当依照《中华人民共和国招标投标法》及其实施条例组织实施公开招标。

1.2.2 高校修缮工程项目管理的作用和阶段

1.2.2.1 高校修缮工程项目管理的作用

高校主要有三大职能:教书育人、科学研究和社会服务。随着20世纪末高校扩招态势的逐年消退,高校大规模的基本建设工作基本完成,与此形成鲜明对比的是高校的修缮工程无论是在数量上还是在规模上都逐年增长。造成这种现象的原因主要有两个:一是随着高校各项事业的迅速发展,原有的建设工程设计已不能满足需要,需对原有建筑物或构筑物的某些功能进行提升;二是原有建筑物或构筑物因年代已久或建造时质量不过关出现破损,需要加固和整修。实施高校修缮工程的主要目的是为满足教学、科研、办公、学习和生活等需要提供必需的物质基础和硬件设施。

结合《政府会计准则制度解释第4号》以及《2023年政府收支分类科目》等资料来看,在行政事业单位中,修缮工程的修缮费用主要分为两部分:一部分是维修(护)费,这部分主要是为维护固定资产正常使用而发生的日常维修、养护等后续支出,包括对设备少量磨损零件的更换和维修、对房屋建筑物的墙壁进行粉刷、对部分门窗的修缮等,这些都是修缮程度简单并且修缮金额较低的项目,在进行会计处理的时候通常计入后勤保障支出中,计入当期费用,不予资本化;另一部分是大型修缮费用,这部分是为了增加固定资产使用效能或延长使用年限而发生的改建、扩建、大型修缮改造等后续支出,是财务会计制度规定允许资本化的各类设备、建筑物、公共基础等大型修缮的支出,其中修理范围大、投入金额大、所需时间较长的项目,计入相关资产成本,予以资本化。在实际修缮项目中,大型修缮类工程量大、费用高,并且从申报立项到最后修缮竣工验收难度都很大,所以需要更为规范有效的管理。

数量众多的修缮工程对于高校发展的重要意义不言而喻,因此必须从各方面加强对修缮工程的管理工作。

1.2.2.2 高校修缮工程项目管理的阶段

高校修缮工程通常是由后勤部门归口管理,一般是指图书馆、食堂、宿舍、教学楼等建筑物的维护改造,供暖、供气、供电、供水等基础设施的维修改造,绿化、道路、装修以及零星土建等。高校修缮工程可分为决策、设计、招标投标、施工、竣工验收五个阶段,对每个阶段进行有效控制会提高工程的经济效益。

1.3　高校修缮工程审计的内涵与特点

高校内部工程审计是指高校审计部门根据国家法律法规对学校工程项目进行科学审查，审查工程项目在实施过程中是否合法有效，以此加强工程质量管理，最大程度地维护学校利益，减少违规违法行为。高校内部工程审计还会根据《中华人民共和国审计法》及其相关法规对工程的决策、设计、招标投标、施工、竣工验收等各环节进行监督，确保修缮工程项目资金收支的来龙去脉清晰，以防贪污工程款等腐败事件的发生。

高校修缮工程审计是对修缮工程建设的经济性、效率性、效果性、公平性、环境性进行评价的过程，在评价结果中可以发现问题，找出修缮工程普遍存在的特点及难点，并给出有效建议，在促进高校修缮工程专项资金合理合规使用的同时，推进高校内部审计的高质量发展。

随着我国经济的飞速发展，高校修缮工程项目众多，投资数额巨大，但是现行的管理模式尚未完善，大多修缮项目还存在前期策划不够严谨科学，项目建设管理缺乏标准化、流程化，项目修缮改造后达不到预期目标等问题。因此，如何利用现代化的管理技术和手段，加强对修缮工程项目的管理，按照修缮工程项目建设程序进行有效的计划、组织、协调和控制，以适应内部及外部环境，并组织高效益的施工，使生产要素组合优化、配置合理，保证施工生产的均衡性，从而促进高校修缮工程项目管理水平和投资效益的全面提高，是高校日益关注的问题。

1.3.1　高校修缮工程审计的内涵

1.3.1.1　高校修缮工程审计的概念

修缮工程审计是指由独立的审计机构和审计人员，依据国家现行法律法规、财务制度、工程建设管理标准和规章制度、相关审计标准，运用审计技术，对修缮工程项目建设全过程的技术经济活动和建设行为进行监督、评价和鉴证的活动。

修缮工程审计作为工程审计监督工作的重要组成部分，通过对修缮工程项目建设过程中的合法性、合规性和有效性进行监督、评价和鉴证，提出改善工程项目管理成效的意见和建议，达到提高建设项目投资效益、保证工程项目预定目标顺利实现的目的。

高校修缮工程审计是针对高校修缮工程的特点，依据审计工作的相关要求，对学校的修缮工程管理进行多方位监督的服务工作。

1.3.1.2　高校修缮工程审计依据的层次划分

高校修缮工程审计的依据包括以下三个层次：

1)现行方针政策，主要是指国家现行的与修缮工程项目建设密切相关的方针政策，这些方针政策直接决定了项目的性质和规模，也决定了修缮工程审计工作的目标和方向。因此，它是高校修缮工程审计宏观性和指导性的依据。

2)法律法规，主要是指国家现行的与修缮工程审计相关的法律法规，包括三个层次：

(1)相关法律，包括《中华人民共和国审计法》《中华人民共和国建筑法》《中华人民共和国民法典》《中华人民共和国招标投标法》《中华人民共和国价格法》《中华人民共和国土地管理法》和相关税法等。

(2)行政法规，包括《建设工程质量管理条例》《建设工程勘察设计管理条例》等。

(3)学校、各行业所发布的地区和部门规章制度，如《第3201号内部审计实务指南——建设项目审计》《工程建设项目施工招标投标办法》《建设工程价款结算暂行办法》《××大学修缮工程质量验收管理实施细则》《××大学修缮工程变更管理实施细则》等。

3)相关技术经济指标，包括两个方面的指标：

(1)与修缮工程项目投资决策评价相关的技术经济指标，如修缮工程项目的投资、费用等财务评价指标，这些指标是工程项目绩效审计的依据。

(2)与工程造价相关的定额指标，如概算定额、概算指标、预算定额等，这些指标是确定工程项目最终价格的依据。

1.3.1.3　高校修缮工程审计的目的

建设项目内部审计的目的是促进建设项目实现“质量、速度、效益”三项目标。具体来说，高校修缮工程审计的目的主要包括：

1)监督财务收支的合法性，以及修缮工程信息的真实性。高校修缮工程审计以监督财务收支的合法性为主要目标。修缮工程信息的真实性也是审计监督的重点。修缮工程审计具备鉴证职能，能对工程信息是否真实作出合理的判断。通过审计，可以判断修缮工程项目的建设成本是否真实、可靠,在投资中有无随意扩大规模,挪用、挤占建设资金,盲目采购造成浪费的情况等。

2)审计修缮工程项目实施过程的合法性。主要审查工程项目在实施期间是否严格遵守《中华人民共和国建筑法》《中华人民共和国招标投标法》等有关规定,项目法人的设立是否符合要求,项目手续是否健全完备,项目立项、实施程序是否合规、合法等。

3)监督学校内控制度的建立。主要审计学校内控制度是否健全,有无缺少关键业务流程和管理流程的情况,是否有明确各控制点的职责分工、监督评价、绩效考核的制度等。

4)预警作用。高校修缮工程审计根据修缮工程投资情况分事前、事中、事后审计相结合的全过程跟踪审计和事后结算审计两种情况。通过审计,可发现修缮工程项目管理过程中存在的漏洞以及存在的苗头性、倾向性的违纪违规问题,及时预警并有针对性地提出建议,促进归口管理部门及时采取有效措施,完善相关制度,堵塞管理漏洞,防止或降低修缮工程建设过程中各种风险的发生。

1.3.2　社会修缮工程审计与高校修缮工程审计的特点

1.3.2.1　社会修缮工程审计的特点

社会修缮工程涉及面广,具有广泛的社会性。作为审计业务的一部分,修缮工程审计与其他审计业务一样,具有以下特点:

1)工作的相对独立性。这是审计的本质属性之一。主要体现在:

组织上:审计机构是独立的专职机构,与被审计单位无隶属关系。

人员上:审计机构与被审计单位无利益冲突关系,实行回避制度,受法律保护。

工作上:审计机构独立行使审计监督权,不受干预,客观审计。

经费上:审计机构有足够的经费来源,不受被审计单位牵制。

在审计过程中,必须根据国家法律法规及有关财务会计制度,独立地检查、评价被审计单位的财务收支及与此相关的经营管理活动,维护国家利益。

2)服务性。修缮工程审计的目的在于促进修缮工程项目实现质量、速度、效益三项目标,因此审计人员既可对被审计单位的建设活动进行审计监督,也可为被审计单位提供专门咨询服务。

3)审查范围的广泛性。修缮工程审计的目的主要是为实现修缮工程项目既定的质量、速度和效益目标,这就决定了修缮工程审计必然要涉及项目建设活动的方方面面。

1.3.2.2 高校修缮工程审计的特点

高校修缮工程审计大多是内部审计,但是对于内部审计来说,审计人员是本单位的职工,这就使内部审计的独立性受到很大制约。特别是遇到国家利益与学校利益冲突的情况时,内部审计机构的独立性可能会受到本单位利益的限制。

由于高校修缮工程项目建设涉及面广,建设周期短,投资数额较大,项目相关者众多,且必须遵循基本建设程序,因此,与其他专业审计相比,高校修缮工程审计有其自身固有的特征,主要表现在:

1)审计对象的复杂性。修缮工程项目参与者众多,各项目参与者在修缮工程项目建设过程中担任的角色也不一样。因此高校修缮工程审计涉及面广,审计工作量较大。

2)审计内容的多样性。传统的审计工作着重于对归口管理部门财务收支活动及会计资料进行审计。而高校修缮工程审计涉及归口管理部门修缮工程项目建设过程中的所有技术经济活动,包括工程前期策划和决策阶段、设计阶段、招标投标阶段、施工阶段及竣工验收阶段的所有工作。

3)审计过程的阶段性。由于修缮工程项目建设周期短、建设程序性强,因此审计人员在进行工程审计时,应当根据修缮工程程序进行审计。

4)审计职能的特殊性。传统的审计是通过事后财务审计来监督归口管理部门的财务活动,以监督为主。而高校修缮工程审计是以建设职能为主,对修缮工程项目进行全过程审计;以经济性、效益性为主,强调事前、事中和事后审计相结合的全过程跟踪审计;围绕“提前跟进,全程跟踪,立足服务,着眼防范”的思路,将审计的关口前移。其优势在于能及时发现资金和项目管理中的漏洞以及存在的苗头性、倾向性的违纪违规问题,并有针对性地提出建议,促使归口管理部门完善相关制度,堵塞管理漏洞,防止铺张浪费和投资损失,以达到“边审计、边整改、边规范、边提高”的目的。

5)审计方法的灵活性。修缮工程项目的建设过程就是知识、组织、管理和技术的集成,在进行修缮工程审计时,既要对学校的财务收支、项目资金来源、资金使用情况进行审计,也要根据审计目标对修缮工程造价和投资效益等进行审计，还要对建设过程项目管理情况进行审计。因此，修缮工程审计是一项较为复杂的工作。为了实现审计目标，修缮工程审计除了采用传统的审计方法外，还应当根据审计目标和审计方案，吸收管理学、经济计量学、工程技术等领域的方法，比如价格确定方法、项目评估方法、经济预测方法、工程项目管理方法等技术经济分析方法，以便更加有效地监督项目实施。

6）审计目的的确定性。传统的审计着重对学校财务活动的真实性、合法性、合规性进行审计。而修缮工程审计的目的主要是促进归口管理部门规范建设程序，改善建设管理方式和方法，提高工程质量，加快施工进度，防止资金流失，节约资金成本，提高资金使用效益。

第2章　高校修缮工程决策阶段的审计

高校在修缮工程建设伊始，一方面可能对建设前期工作缺乏认真研究，对修缮工程建设项目的投资控制不住，会出现盲目、重复改造的现象；另一方面，由于修缮工程专业技术性较强，若整个投资决策没有经过科学和技术上的论证，取而代之的是行政管理，会导致学校投资效果差和资金浪费。通过审计，对符合国家政策及学校规章制度、数据真实可靠、判断正确的投资决策予以确认，反之则予以制止，可促使决策机构作出正确的投资决策，避免因决策失误带来的经济风险，确保学校资金的有效使用。

从系统工程的角度来看，修缮工程决策是一个由决策主体、决策程序、决策制度以及决策方法构成的完整体系，包括主观要素（决策主体）和客观要素（决策程序、制度及方法）两个方面，主、客观要素相互作用为实现科学决策打下良好的基础。修缮工程决策阶段的审计应从以下几个方面着手。

2.1　高校修缮工程决策主体

高校内部工程审计协助高校修缮工程决策管理层作出正确的投资决策，可有效防范投资风险。修缮工程决策质量受主、客观两方面因素的影响：从主观方面来讲，决策者作为一个有限理性人，存在认识的局限性和思想的局限性；从客观方面来讲，由于高校制度衔接、决策程序、决策方法还不够完善，导致原本有一定局限性的决策主体难以作出科学、民主的决策。因此需要构建一个完善的修缮工程决策体系，通过体系中的各个要素相互制约、相互作用，形成联动机制，共同保证和促进工程决策科学化水平的提高。

2.1.1　修缮工程决策主体的概念

决策主体是在高校修缮工程决策活动中主观意志能力的体现者、决策活动的主动发起者，其在决策活动中处于主导、控制地位，其职能和地位一般在学校的制度规定中得以体现。修缮工程决策主体是指直接或间接参与工程决策的个人、团体或组织。就高校修缮工程决策而言，工程决策者一般以基本建设管理部门或后勤管理部门为主体，包括资产管理、消防管理、智能化管理等行政机构和用户组成的集体性组织。

2.1.2　修缮工程决策科学化对决策主体的要求

任何决策都离不开人，都是由人来具体操作的。对修缮工程决策来说，决策主体构成不同，对其的影响程度和作用方式也就不同，从而产生不同的工程决策结果。从某种意义上讲，决策主体的合理选择与确定是保证工程决策活动成功开展的基础。工程决策科学化对决策主体的要求体现在以下三个方面。

2.1.2.1　决策主体的功能化

在修缮工程决策的过程中，要明确决策主体的决策功能。决策主体缺位、越位的行为往往是导致工程决策机制运行不畅、功能发挥受阻的重要原因之一。界定决策主体有助于各决策行为主体在工程决策机制的整个运行过程中明晰自己的角色、地位，正确发挥各自的作用，特别有助于审计在修缮工程决策过程中摆正自己的位置。

2.1.2.2　决策主体的专业化

长期以来，行政部门既是决策的制定者，又是决策的执行者，影响了决策的专业化水平和程度。以同一个决策者群体、同样的运作方式从事这两个环节的工作，必然影响效率与效能的最大化。在这个知识膨胀、信息爆炸的时代，要做到科学决策，决策者必须掌握多方面的知识，拥有动态的大量信息，既要多谋，又要善断，这是一件十分困难的事情。因此，需要在学校层面或利用社会力量建立类似智囊团的专家团队，借助这些咨询智囊的力量应对复杂的决策问题，为修缮工程决策提供科学依据，减少和避免决策失误。

2.1.2.3　决策主体的多元化

要实行科学决策，首先就要合理配置决策权，实现由单一决策主体向多元决策主体的转变，建立以行政部门为核心的多元决策主体结构。科学的工程决策，显然不应单凭良好的愿望，由管理者说了算；也不应推崇技术主义，由专家说了算；而是要跳出工程师决策或管理者决策的狭隘圈子，让相关人员都参与决策，推行公众决策。决策主体多元化，强调在修缮工程决策的复杂动态过程中，相关行政部门、执行者、用户、咨询者彼此间相互制约，保持平衡，共同发挥作用。决策科学化首先要求民主化，没有充分的民主，就不能广开言路。

2.2 高校修缮工程决策程序

现代工程的实践告诉我们，正确的决策与科学的程序有着密不可分的联系，很多事情，如果按照规范的程序办理，通常能够得到公正或最优结果；反之，很多决策失误和工作弊端，往往与程序的不科学、不规范和不按照程序办事有关。从某种意义上说，按程序办事，就是按规律办事，没有科学的决策程序，就难以形成科学决策。尽管简单的、微观的、管理性的决策，其程序分化不太明显，但是复杂的、宏观的、战略性的重大决策必须按照程序规则作出。科学决策不仅取决于决策者个人的素质、知识、才能和经验，而且与科学的决策程序有着密切的关系。

高校修缮工程的科学决策是实现高质量修缮的重要保障。为保证决策程序的规范严谨，首先需要正确认识决策过程，建立决策优劣判断准则。

2.2.1 修缮工程的决策方法

20 世纪 40 年代以来，随着系统科学及电子计算机技术的出现和发展，决策方法迅速发展。按照不同的标准，可将决策方法划分为程序化决策与非程序化决策、逻辑决策与直觉决策、单目标决策与多目标决策、确定性决策、风险性决策与非确定性决策、定量决策与定性决策等。先进的决策分析方法在保障决策的科学性、合理性方面发挥了重要的作用。高校修缮工程主要采用定性决策方法。

2.2.1.1 定性决策方法的内涵

定性决策方法又称主观决策方法，是指在决策中主要依靠决策者或有关专家的智慧来进行决策的方法，这是一种“软技术”。决策者运用社会科学的原理并依据个人的经验和判断能力，采取一些有效的组织形式，充分运用各自丰富的经验、知识和能力，从对决策对象本质特征的研究入手，掌握事物的内在联系及其运行规律，对决策目标、决策方案的拟订以及方案的选择和实施作出判断，这种方法适用于受社会、经济、政治等非计量因素影响较大、所含因素错综复杂、涉及社会心理因素较多以及难以用准确数量表示的综合性问题。这种“软技术”方法是开展决策时采用的主要方法，它弥补了“硬技术”（定量决策）方法对人的因素、社会因素等难以奏效的缺陷。“硬”“软”两类方法相互配合，取长补短，才能使决策更为有效。

2.2.1.2　定性决策方法的分类

定性决策方法有很多种，常用的有专家会议法、头脑风暴法、德尔菲法等，其中，德尔菲法是最具代表性的方法。尤其是在长远的战略决策中，由于许多条件的不确定性，德尔菲法特别适用。

1)专家会议法，指根据规定的原则选定一定数量的专家，按照一定的方式组织专家会议，发挥专家集体的智能规模效应，对研究对象未来的发展趋势和状况作出判断的方法。召开专家会议有助于专家们交换意见，通过互相启发，可以弥补个人意见的不足；通过内外信息的交流与反馈，产生“思维共振”，进而将产生的创造性思维活动集中于研究对象，在较短时间内得到富有成效的创造性成果，为决策提供依据。但是，专家会议法也有不足之处，如有时受心理因素影响较大、易屈服于权威或大多数人的意见、易受劝说性意见的影响、不愿意轻易改变自己已经发表过的意见等。

2)头脑风暴法。头脑风暴最早是精神病理学上的用语，是针对精神障碍患者的精神错乱状态而言的，现在转变为无限制的自由联想和讨论，其目的在于产生新观念或激发创新设想。在群体决策中，由于群体成员间的心理相互作用影响，个人意见易屈从于权威或大多数人意见，形成所谓的“群体思维”。群体思维削弱了群体的批判精神和创造力，损害了决策的质量。为了保证群体决策的创造性，提高决策质量，发展了一系列改善群体决策的方法，头脑风暴法是较为典型的方法。采用头脑风暴法组织群体决策时，要集中有关专家召开专题会议，主持者以明确的方式向所有参与者阐明问题，说明会议的规则，尽力创造融洽、轻松的会议氛围，一般不发表意见，以免影响会议的自由气氛，由专家们自由提出尽可能多的方案。头脑风暴法又可分为直接头脑风暴法(通常简称为头脑风暴法)和质疑头脑风暴法(也称反头脑风暴法)。前者是在专家群体决策时尽可能激发创造性产生尽可能多的设想的方法，后者则是对前者提出的设想、方案逐一质疑，分析其现实可行性的方法。

3)德尔菲法，最早由美国兰德公司于20世纪50年代应用于预测，后来推广应用到决策中来。德尔菲是古希腊传说中的神谕之地，城中有座阿波罗神殿，可以预卜未来，因而借用其名。德尔菲法是专家会议法的一种发展，是一种向专家进行调查研究的专家集体判断方法。它以匿名方式通过几轮函询征求专家们的意见，组织决策小组对每一轮的意见都进行汇总整理，作为参考资料再发给每一位专家，供他们分析判断，提出新的意见。如此反复，专家的意见渐趋一致，最后作出最终结论。德尔菲法的实施过程大致如下：

(1)拟定决策提纲。先把决策的工程写成几个提问的问题，问题必须提得十分明确，不论谁回答，对问题的理解都不应有多种，而且最好只能以具体、明确的形式回答。

(2)选定决策专家。所选择的专家一般是有名望的或从事该项工作多年的专家，最好包括多方面的有关专家，选定人数一般以20～50人为宜。

(3)征询专家意见。向专家发出第一次征询表(包括电子表格)，要求每位专家提出自己决策的意见和依据，并说明是否需要补充资料。

(4)修改决策意见。决策组织者将第一次决策的结果和资料进行综合整理、归纳，使其条理化，发出第二次征询表，同时把汇总的情况一同寄去，让每一位专家看到全体专家的意见倾向，据此对所征询的问题提出修改意见或重新作一次评价。

(5)确定决策结果。征询、修改以及汇总反复进行三四轮，专家的意见就逐步集中和收敛，从而确定出专家们趋于一致的决策结果。

2.2.2 高校修缮工程的决策过程

高校修缮工程的决策过程与一般企业活动的决策有着类似之处，但是由于高校修缮工程所具有的特点，其决策更为复杂，决策过程也有其自身的特点和要求。就一般高校修缮工程而言，决策过程如下。

2.2.2.1 认识问题

决策最基本的前提是弄清所存在的问题，只有认识到存在的问题，才能按照合乎逻辑的方向去解决问题。任何一个高校修缮工程的出发点都是去解决学校科研、教学中的某一问题，但是问题存在的事实必须由能设法解决问题的人去认识。发现供求中所存在的矛盾是选择实施一个修缮工程的重要前提，这一矛盾确定得是否得当、是否准确，是决定一个修缮工程的实施是否成功的关键因素。

2.2.2.2　明确目标

目标和问题是相联系的，在弄清学校教学、科研需求中所存在的问题之后，就应当提出满足这一需求的实施策略。这一修缮工程的目标自然就应该定为解决学校这一需求所存在的矛盾。若以实验室改造工程为例，是否能够最大程度地解决师生需求是其所追求的主要目标。为此就需要根据实际情况提出有针对性的目标，包括所选择的修缮项目的目标市场初步计划、建设工期和希望的收益情况等。当然，在实际问题中，多目标之间往往是矛盾的、冲突的，这就需要对各目标之间的关系进行充分的分析。对于修缮工程，当投资压缩后，就可能因资金不足而采用较落后的设备及工艺，其建成后的效益可能不佳。

2.2.2.3　收集和分析数据

决策必须依赖一定的数据，所以为了决策而获得数据便是修缮工程决策中的一个关键问题，同时所收集数据的准确性也将直接影响到决策的结果。在修缮工程决策中，数据的一个重要来源是工程的本身，当然国家的政策、市场的调研、技术的发展趋向、原料和能源的供应情况等也都是工程决策数据的主要来源。对修缮工程而言，收集和分析数据尤其重要。如某高校在进行大型修缮过程中若对房屋的数据收集得不全面，会导致施工过程中出现大量变更等问题。

2.2.2.4　谋划（拟定）备选方案

为了作出决策就必须谋划（拟定）解决问题的各种方案，因为如果没有方案选择的余地，就不存在任何决策问题，所以说可供选择的方案是构成决策问题的因素之一。谋划备选方案包括方案的提出和方案的筛选两个过程。方案的提出主要是由决策者尽可能地考虑各种方案，选出多个方案作为备选方案。方案的筛选主要是在备选方案中排除掉一些不可行的或太敏感的方案，经过筛选后提出少数几个方案供详细分析研究。

2.2.2.5　修缮工程方案优劣判断准则

方案决策的主要任务是从候选方案中进行选优，要进行选优，就必须确定一个判定方案好坏的准则或评价标准。对于修缮工程决策问题，其可以归纳为以下几类：

1）投入相等。资金数量相等，目的是有效地利用资金。这时就经济效益来说，恰当的准则是使收益或其他产出最大。

2）产出相等。需要完成一项固定的任务和相等的产出，此时经济效益标准是成本费用最小或其他投入最小。

3）投入和产出均不等。这种情况较为普遍，此时资金、收益和其他产出的数量均不相等，决策的准则可根据情况选择绝对效益评价准则或相对效益评价准则。

2.2.2.6　预估方案的效果

预估方案实施后可能取得的效果是方案选择的最主要依据。既然希望选出最佳方案，就必须计算出方案实施后可能取得的效果，对于高校修缮工程决策来说便是确定各方案以费用与效益形式表示的结果。在费用效益分析的过程中，一方面要考虑资金的时间价值，另一方面要考虑同一方案在不同情况下所能取得的效果。

2.2.2.7　方案选择

选择最佳方案就是选定最适合选定准则的方案，即哪一个方案最符合选定标准。对于高校修缮工程来说，一般是以社会效益为主导原则。但由于在计算过程中可能存在对问题的简化，因此在方案选择过程中还要根据决策者的经验和国家政策对方案所可能产生的其他效果加以认真考虑。

2.3　高校修缮工程决策制度

决策者的主观性既是产生卓越工程必不可少的条件，同时又是易导致高校修缮工程决策产生负面后果的原因所在。调查显示，多数被调查者认为对于决策主体来说，约束激励机制还不够完善是最显著的问题。要将这种由于决策者的主观性所带来的负面影响降到最低程度，同时又要提高决策者的积极性，激发他们的创造性，从而提高修缮工程决策的科学化程度，就需要通过制度的作用来实现。完善的修缮工程决策制度包括决策问责制度、决策监督制度、绩效考评制度、决策审计制度、决策后评价制度等。

2.3.1　决策问责制度

调查结果表明，决策主体责任的明确程度不高。决策失误与问责制度的缺失息息相关。问责制度的缺失和漏洞使得许多部门敢于决策，而又无需承担由于决策失误所带来的责任。在某种程度上，问责制度的缺失意味着投资权力和相关责任之间绝缘，从而大大降低了恶劣工程决策者应承担的决策成本，助长了工程决策者的盲目决策行为，客观上导致了劣质和低效工程的不断涌现。事实上，许多高校修缮工程重大决策失误的处理结果，往往是大事化小小事化了或内部从轻处理。

决策问责制度是高校修缮工程决策制度中的一项重要制度。对决策者在决策过程中缺乏责任意识、不遵循决策程序、盲目主观决策或者滥用决策权而导致的决策失误，要依据其对学校利益造成损失的程度进行责任追究；要建立针对性、操作性强的工程决策问责制度，包括建立健全工程终身档案制、明确工程决策者的法定责任、明确违反责任的判断依据、明确责任追究程序和追究机关。决策失误后果严重并属违法乱纪情形的，应按相关法律法规加以严肃处理。

对咨询机构也要进行责任追究。《国务院关于投资体制改革的决定》明确指出，工程咨询、投资项目决策、设计、施工、监理等部门和单位，都应有相应的责任约束，对不遵守法律法规给国家造成重大损失的，要依法追究有关责任人的行政和法律责任。即咨询评估机构对所编制的项目建议书、可行性研究报告等工程前期报告的真实性和科学性负责，对咨询评估结论承担责任。

2.3.2　决策监督制度

决策主体的利益在某些时候并不能完全与公众利益一致，因此需要加强对工程决策组织的监督，才能保证工程决策的质量，才能保证每一个重大修缮工程都是提升学校综合实力的工程。所以，高校内部审计人员要发挥作用，加强对决策组织的决策权力和决策过程的监督，建立结构合理、配置科学、程序严密、制约有效的决策组织的权力运行机制，从决策制定和决策执行两方面加强对决策组织机构的监督，以提高决策工作的质量和水平。

2.3.3 绩效考评制度

高校修缮工程决策工作绩效考评是指运用现代技术方法，采用特定的指标体系，按照统一的评价标准，对工程决策的科学性、民主性、灵活性、有效性等进行全面、客观、公正、准确的评价。决策工作绩效考评是改善工程决策管理工作的前提和基础。对决策的评价越真实、越全面，评价对象的改进就越有针对性、越有效。

决策工作绩效考评应该贯穿决策工作的全过程，评价的过程也应该是对决策工作激励约束的过程。所以应当在建立起科学的工程决策工作绩效评价办法的基础上，进行一系列制度安排，使绩效评价与决策者考核制度、问责制度等奖惩制度挂钩，以此作为提高工程决策水平的一种激励约束。工程决策考评的制度安排，首先要确定决策工作绩效评价的目标，目标要有约束性和可操作性，要以目标引导工程决策的进行；其次要确立评价标准，使评价指标的结果有据可依；最后要进行结果评价，并依据评价结果进行激励约束。各环节要求如下：

1)评价目标管理。决策工作绩效评价提出的目标既要全面、具有可操作性，又要使目标达到激励约束的效果。决策工作绩效评价的目标可包括：战略性目标，即该项工程决策最终可以达到什么效果；重点性目标，即在某一阶段或某一方面所能达到的特别效果；责任性目标，即必须达到，否则要承担责任的目标；承诺性目标，即由绩效管理者承诺能够达到的目标等。在确定目标时，决策者应该充分调查，与绩效管理者沟通，共同确定有效且可行的目标。

2)评价指标体系。评价指标体系是否合理直接关系到绩效评价的质量，所以是决策工作绩效评价的核心。评价指标所评价的内容应该能够包含决策工作的经济性、效率性和效果性指标。经济性指标是对决策工作的基本要求，要求投资不浪费；效率性指标是决策工作的直接目标，要求决策工作达到最理想的产出；效果性指标则是决策工作的最终目标，要求决策工作达到服务社会的效果。对三项指标的评价，应当综合考虑和辩证分析，要将三者作为统一的整体，对三者之间的关系进行分析，应与具体评价工作相结合，并且应当是动态的、可以反映工程决策的整个过程，这样才能得出客观、公正的结论。同时，由于修缮工程的复杂性和不可比性，决策工作绩效评价指标体系应该根据修缮工程的不同内容，具体情况具体分析，根据修缮工程设置评价的具体指标。

3)评价标准设定。根据决策工作绩效评价标准能够具体地将决策工作行为的优劣等特征通过量化的方式进行量度，从而使评价者客观分析决策工作规模是否适度、结构是否合理以及政策实施效果是否显著，以此有效实现绩效的量化，为后续修缮工程决策提供科学依据。评价标准和评价指标体系是相匹配的，对于每一个评价指标，都应该有一个评价标准，如果评价指标能够量化，评价标准也要量化；对不能量化的评价指标，应该有一个清晰的标准说明，使评价人有依据对评价指标给出明确的结论。对于常用指标，可以考虑由权威部门制定标准；对于一些工程的特别指标，应该在设定决策工作的目标时予以确定。

4)评价结果应用。评价结果要作为激励约束的依据；决策部门还要对评价结果进行总结，以不断改进，提高决策管理水平。决策工作绩效评价结果应该作为公开信息，接受师生、员工的监督。

2.3.4　决策审计制度

高校修缮工程决策审计制度是修缮工程决策监督制度中最关键的一环。开展修缮工程决策审计工作，依法对工程决策环节的真实性、合法性、科学性、效益性实施审计监督，对贯彻落实科学发展观、完善审计监督机制、提高工程投资效益具有重要作用。

高校内部工程审计应促进高校决策机构和高校各部门工作的规范化、科学化。决策阶段的跟踪审计是通过从修缮工程立项到投资方案及决策的审计，对与拟修缮项目有关的自然、社会、经济、技术资料进行调查、分析和预测研究，进一步构造方案、比选决策、分析风险、分析技术经济指标等。审计全过程涉及工程技术科学、经济管理科学和自然科学的知识和方法，可促进高校修缮工程决策的规范、科学、高效，重视项目管理，把修缮工程建设纳入科学管理轨道，提高修缮工程项目管理水平。

决策阶段审计的主要方法有审阅法、对比分析法等。审阅法是对有关书面材料如项目建议书、可行性研究报告和项目立项批文等进行审计的方法，以审查与评价已立项修缮工程项目的决策程序和可行性研究报告的真实性、完整性和科学性。对比分析法是通过相关资料和技术经济指标对比分析拟修缮项目与国内同类项目的差异点,从而发现问题的方法。

工程决策程序的合法性、决策依据的真实可靠性、决策方法的科学性和决策方案的效益性是当前审计部门应重点把握的几个主要环节和内容。

1)决策程序的合法性。修缮工程要取得好的投资效果,就必须从源头抓起,严格按程序、制度办事,做好前期决策工作。审计工程前期决策程序的合法性主要包括审计修缮工程的立项、可行性研究、工程评估等过程是否符合规定要求,其主要内容包括:调研程序是否合规,是否按相关规定组织和实施前期调研,是否建立与工程决策相适应的民意反映与吸纳机制;论证程序是否合规,是否按规定进行可行性研究,是否经过严密的技术经济分析和多方案比较论证;评估程序是否合规,是否有专业机构或专家参与评估并提出评估报告;决议程序是否合规,是否按规定程序组织工程决策,是否根据可行性研究报告和工程评估结论作出决议。审计部门在对上述内容进行审计时,应重点审查决策程序的完整性及审批手续的齐全性,可通过审查归口管理部门在工程决策过程中的各种上报文件及其批文是否合法合规、完整齐全来达成。这些上报文件和批文主要包括项目建议书、可行性研究报告及其各类审批机关的批文。审计部门应熟悉上述文件的编报要求、内容和格式规定,以及审批机关的审批权限和范围,重点审查是否有不论证就报批,或弄虚作假、越权审批等问题。

2)决策依据的真实可靠性。可行性研究即在修缮工程决策前,对与工程有关的各个方面进行深入、细致的调查研究,对各种可能的实施方案进行全面、系统的技术经济分析和比较论证,对工程完成后的成果效益进行科学、合理的预测和评价,在此基础上,对工程实施的必要性和可行性、技术先进性和适用性、经济合理性和有效性进行综合评价,从而为修缮工程决策提供可靠依据。可行性研究是工程决策阶段的重要环节,直接影响工程的决策质量。因此,加大对修缮工程项目可行性研究的审计力度十分必要。审计修缮工程决策依据的真实可靠性需要做到以下几点:一要审查对工程可行性研究的过程是否严密扎实,是否经过实地调查、方案优选和技术经济论证等各个环节,以及前期调研是否充分,论证过程是否客观;二要审查可行性研究报告的编制是否合规,内容是否真实完整、是否达到规定的深度要求。国家现阶段对修缮工程可行性研究没有明确要求,因此学校要根据学校实际情况给出明确可行性研究报告内容与深度的规定，审计时可将被审计工程的可行性研究报告与之对照，即可判断报告内容的完整合规性和深度的符合性。必要时，还可对可行性研究报告中提供的各项技术经济指标进行论证，从基础数据分析入手，审查数据来源是否可靠，参考依据是否合理，计算方法是否正确，有无虚假分析、隐情不报的现象，以确保决策依据的真实可靠。

3)决策方法的科学性。决策方法的科学性主要体现在决策者采用科学的思维方式，遵循一定的决策程序，特别是要运用现代决策技术、方法和手段进行决策。注重决策方法的科学性审计，是促进科学决策、提高决策水平的有效途径。在审查可行性研究报告，确定工程决策是否经过调查研究、技术经济分析和多方案比较等严密、充分、科学的决策论证过程的基础上，重视审计工程前期决策方法的科学性，还要注意审查决策是否根据工程性质及其他具体情况实行民主决策和专家咨询办法。在决策过程中，注意收集、听取相关部门和人员的意见是否充分，对于专业性较强的修缮工程，注意是否正确运用专业方法、充分发挥专业研究和咨询机构的作用、考虑专家意见，有无个人决策、盲目决策、草率决策的情况。另外，要注意决策过程是否建立监督、纠错和责任追究制度，决策责任是否明确，有无怕担责任和风险的情况。

4)决策方案的效益性。修缮工程决策的最终目的在于确保工程质量，避免损失浪费。修缮工程立项决策阶段形成的决议方案是编制初步设计文件的重要依据，也是决定工程质量和投资效益的纲领性文件。加强对决策方案的效益性审计，是客观公正地评价工程决策质量、促进决策责任落实的必要手段。审计工程决策方案的效益性，主要是审查工程实施是否取得预期效益、是否达到预期目标，并对其作出客观公正的评价。由于对审计对象的连续性监督是效益审计的一个突出特点，因此，除了审计修缮工程决策方案的效益性，还要注意审查决策方案的执行过程和执行情况，查找影响决策效益实现的薄弱环节，并提出改进意见和建议，以不断积累工程决策实践经验，提高修缮工程决策水平。

2.4　高校修缮工程后评价与完善措施

建立后评价机制是一项有效减少修缮工程决策失误的措施。一个完善的后评价机制，不但可以为追究修缮工程决策人的责任提供依据，而且可以避免同类工程出现类似的失误。后评价机制起源于20世纪30年代，在60年代得到了进一步发展，到70年代中期后评价机制被许多国家和国际金融机构广泛使用。

2.4.1 修缮工程后评价

加强修缮工程后评价工作，建立后评价体系，检查验证工程的成功程度，总结经验和教训，并将检查结果及时反馈给决策机构、主管部门和广大师生，是提高高校修缮工程决策质量、监管水平和投资效益的措施和保证。推动工程后评价制度的建立需要注意以下几个方面：

1)建立工程后评价法律保障机制。修缮工程的后评价是学校计划决策和宏观管理的重要工具。修缮工程的管理是国有资产管理的重要组成部分，应当将工程后评价工作纳入国家的法规体系，制定完善的相关法规制度，使后评价工作法制化、制度化，从而增强评价工作的权威性。

2)建立工程后评价数据库。通过建立数据库，实现修缮工程的动态信息跟踪，使修缮工程后评价信息得到广泛、快速、有效的反馈，能提高后评价的工作效率，实现后评价成果的共享，克服后评价工作中各种人为因素的干扰，便于对修缮工程的监督。

3)建立科学合理的工程后评价指标体系。建立后评价指标体系时不能仅限于前期评价的指标，还应根据工程的不同和后评价要求的不同而有所侧重；应当针对高校修缮工程的立项决策、设计施工、生产运营和投资效益评价的具体需要，设立一组相互联系的统计指标并形成有机整体的评价指标体系。

4)建立工程后评价结果的反馈机制。建立完善的反馈机制可保证修缮工程后评价报告的信息迅速反馈到决策、计划规划、立项管理、评价监督、工程实施等机构和部门，以便修缮工程后评价成果及经验教训得到及时总结，以调整和改进决策的制定过程。

2.4.2 修缮工程决策体系完善措施

决策科学化需要通过修缮工程决策体系的建立和运行来实现。而实现修缮工程决策科学化必须不断深入研究和完善工程决策体系。

2.4.2.1　强化修缮工程战略规划

战略规划是高校修缮工程决策的重要环节，其结论是相关修缮工程开展下一步决策工作的基本依据。一方面要加强调研和预测，扎实做好对学校整体环境的基础性调研工作，摸清学生、教职工的当前需求规模和潜在需求规模，为修缮工程的投资决策提供可靠的依据。运用市场调查和预测的科学方法，实现市场调查从定性分析到定量说明的转变，以对未来修缮工程的发展态势作出分析预测和判断。另一方面规划内容要做深做细，重大修缮工程要达到预可行性研究的深度，同时加强修缮工程的财务评价，特别要对学校发展的远期效益进行深入分析，为学校的修缮工程长远决策提供依据。

要建立符合法制建设和政府依法行政的规划体制和建设体制，切实取消目前存在的过时、过多、过滥的规划；切实加强对规划编制和执行情况的监督力度，运用法律手段保障规划的执行和实施，提高规划实施的强制力和约束力，保证规划的权威性。

2.4.2.2　严格执行决策程序

决策特别是重大修缮工程的决策都有一系列可以遵循的程序。修缮工程决策程序是避免工程瑕疵的必要条件，严格遵守程序，对修缮工程的各个环节严格把关，确保修缮工程在建设实施前得到查验，可最大限度地避免失误和损失。要坚持责、权、利相结合的原则，确立学校的决策职权、决策责任、决策利益以及对其决策的制约机制。无论部门或个人，都应当将所负的责任以及所享有的权利规定清楚，做到决策分工清晰、权利与责任对称、责任与利益相符，这是提高决策效率、避免决策失误的有效方式。在工程规划确定后，要尽快开展修缮工程前期论证，使工程实施具有有序性，使工程的前期工作有充裕的时间，以掌握翔实准确的信息资料，确保工程论证充分准确，避免盲目和失误。

2.4.2.3　完善评估决策制度

要充分重视可行性研究，建立和完善可行性研究的工作制度和评估决策制度，加强对基层管理人员的业务培训。学校管理部门和领导部门应当尊重科学事实，基层管理人员要恪守自己的职业道德，不唯命是听，敢于否定不可行的工程。要参考国际、国内优秀的修缮工程经验，加强修缮工程后评价工作力度，形成制度化、规范化的评价体系。要将修缮工程管理考核和干部制度改革结合起来，对优质修缮工程的决策予以表彰和奖励，对低质修缮工程予以批评和惩戒，及时总结经验教训，不断完善，确保决策的科学与规范。

2.4.2.4　多角度考虑决策对象

为了从不同的角度考察修缮工程的可行性情况，在对决策方案进行评估时引入不可行性研究。可行性研究的出发点基于“肯定”工程，侧重于修缮工程的有利因素，注重工程的可行性，从而考察工程行得通或成功的可能性；而不可行性研究的出发点基于“否决”工程或“退出”工程，侧重于影响修缮工程的不利因素、不利环节和障碍，以此来考察修缮工程行不通或失败的可能性，比如颠覆性大量变更的产生。不可行性研究是从反面重新评价论证可行性研究报告给定的工程实施方案，对工程的内外依赖条件进行全面考察，找出工程的不利因素、不利环节或障碍，或者对实施过程中的修缮工程的经济效益进行评价，考察工程是否能继续实施。

2.4.2.5　重视基础理论和决策方法研究

理论研究是工程科学不断创新的基础，只有不断推出新技术和新方法，才能出人才、出成果，才能保持学科经久不衰的生命力。提出新颖观点、出色创意和突破性决策方案的人往往是来自基层的对机会最敏感的人。在高校修缮工程决策中掌握好尺度是十分重要的，既要按程序决策又不能死板地唯程序论，既要讲科学又不能完全依赖既定方法，必须紧密跟踪社会发展、经济环境的变化，加强对基础理论和决策方法的研究，确保决策的社会效益和经济效益最大化。

诚然，高校修缮工程决策体系的建立和完善是实现修缮工程决策科学化的基础和保障。工程决策体系的有效运行需要修缮工程决策体系中的各个要素相互关联、相互作用，要求决策主体在多元化的格局下，遵守决策制度的规范要求，严格执行决策程序，在决策方法的指导下，完成决策工作。以此形成工程决策体系的联动机制，从而共同保证修缮工程决策的科学化，促进科学化水平的提高。而且，随着社会的进步以及科学水平的提高，高校修缮工程决策体系将不断发展和完善，工程决策体系形成的作用机制同样将不断地发展和提升。

第3章　高校修缮工程招标投标审计

内部审计在修缮工程项目招标投标阶段的任务如下：一是对修缮工程项目招标投标所适用的法律法规进行审计监督；二是对大型修缮工程项目的预算金额进行审计，重点对项目的工程量清单和招标控制价进行审定；三是对修缮工程项目招标投标文件进行审核把关；四是依据招标文件、中标单位投标文件及相关投标承诺，对项目建设合同进行审计监督。高校修缮工程通过招标投标可以让更多的企业或者投保人在公平的情况下竞争，择优选用，从而降低成本、保证质量和优化资源配置等。招标投标的规范性和公平性是保证招标投标质量的关键。本章围绕高校修缮工程招标投标的种类、内涵、评价等方面进行阐述，以期为高校修缮工程的招标投标工作提供支持。

3.1　高校修缮工程项目招标投标概述

3.1.1　高校修缮工程项目招标投标的概念与要求

3.1.1.1　高校修缮工程项目招标投标的基本概念

1)招标是在市场经济条件下进行建设工程、货物买卖、财产租售和中介服务等经济活动的一种竞争和交易形式，其特征是引入竞争机制以求达成交易协议和(或)订立合同，它有经济活动和民事法律行为两种性质。

招标是市场经济条件下最具竞争性的采购方式，在修缮工程项目建设承包中采用招标的目的就是在修缮工程项目建设中引入竞争机制，择优选定勘察、设计、设备安装、施工、装饰、装修、材料设备供应、监理等单位，以保证缩短工期、提高工程质量和节约建设投资的目标得以实现。

2)高校修缮工程项目招标,指高等院校归口管理部门事先提出修缮工程项目的条件和要求,邀请众多投标人参加投标并按照规定程序从中选择承包商的一种市场交易方式。

3)高校修缮工程项目投标,指投标人对高校归口管理部门提出的修缮工程项目的实质性要求和条件作出响应,按招标文件的要求编制、提交投标文件,通过投标报价的方式承揽高校修缮工程项目。

4)招标与投标的关系。从交易过程来看,高校修缮工程项目的招标投标必然包括招标和投标两个最基本的环节,前者是高校归口管理部门以一定的方式邀请不特定或一定数量的潜在投标人组织投标,后者是投标人响应招标人的要求参加投标竞争。没有招标,就不会有承包商的投标;没有投标,招标人的招标就不会得到响应,也就没有随后的开标、评标、定标和合同签订等环节,没有投标的招标没有任何实际意义。在世界各国和有关国际组织的招标投标法律法规中,尽管大都只称招标(如国际竞争性招标、国内竞争性招标、选择性招标、限制性招标等),但无不对投标作出相应的规定和约束。因此,招标与投标是一对相互对应的机制。

3.1.1.2 高校修缮工程招标投标的主要特征

市场经济下高校的采购和建设资金主要来源于法人、公民的税金和捐赠,必须尽量节省开支,最大限度地透明与公开,保证公平竞争,提高采购效率,保证有效使用公共资金,因此招标投标是修缮工程项目采购的最主要方式。其具备以下主要特征:

1)通过竞争机制,实行交易公开。

2)鼓励竞争、防止垄断、优胜劣汰,可较好地实现投资效益最大化。

3)科学规范。通过科学合理和规范化的管理制度与运作可有效杜绝不正之风,保证交易的公正和公平。

3.1.1.3 招标投标发展简介

在国际建筑市场上,工程项目承发包采用招标投标的方式已经流行了200多年,并形成了一整套系统、完善的为各国政府和企业所共同遵循的国际规则,各国政府也加强和完善了本国相应的招标投标法律制度和规范体系。在鸦片战争以后,国外工程管理方式被引入国内,工程项目招标投标逐渐成为建筑业承发包的主要方式，并且一直延续到中华人民共和国成立。在第一个五年计划完成之后，理论认为招标投标是资本主义管理方式，因此予以了摒弃，改由基本建设主管部门按照国家计划，把建设单位的工程任务以行政指令方式分配给建筑企业承包。建设单位作为发包方（甲方），建筑企业作为承包方（乙方），双方签订承发包合同，合同中明确规定了双方的权利、义务与经济责任。这种以行政手段分配工程施工任务，合同实质上是同为政府单位的甲、乙双方之间的约定，类似政府给双方下的任务单。直到20世纪80年代初，我国又一次引入招标投标制度。1981年，吉林省吉林市和广东省深圳经济特区作为试点，率先试行工程项目的招标投标，效果显著，对招标投标在工程项目承发包的全面推广起到了示范引领作用。1983年，城乡建设环境保护部颁布了《建筑安装工程招标投标试行办法》，这是我国第一部关于工程招标投标的法规性文件；1984年，国家计委和城乡建设环境保护部联合发布了《建筑工程招标投标暂行规定》；1992年，建设部发布了《工程建设施工招标投标管理办法》；《中华人民共和国招标投标法》（1999年8月30日第九届全国人民代表大会常务委员会第十一次会议通过，2017年12月27日第十二届全国人民代表大会常务委员会第三十一次会议修正）的颁布实施，标志着我国的招标投标工作进入了法制化、规范化的崭新阶段。

《中华人民共和国招标投标法》规定在中华人民共和国境内进行的大型基础设施、公用事业等关系社会公共利益、公众安全的项目，全部或者部分使用国有资金投资或者国家融资的项目和使用国际组织或者外国政府贷款、援助资金的项目，其勘察、设计、施工、监理以及与工程建设有关的重要设备、材料等的采购，必须进行招标。

随着我国市场经济体制改革的不断深入，招标投标这种能反映公平、公正、有序竞争的有效方式得到了广泛应用。在修缮工程项目招标投标中使用审计手段，可以防止某些漏洞的产生，减少贪污腐败行为，监督整个招标投标过程，纠正不正确的操作和程序，确保修缮工程项目资金的使用更为合理、有效，达到节资增效的目的，因此加强招标投标审计势在必行。

3.1.2　高校修缮工程项目招标的类型

高校修缮工程项目招标若按行业分类可分成勘察设计招标、设备安装招标、土建施工招标、建筑装饰招标、货物采购招标、工程咨询和建设监理招标;若按工程项目招标的类型可分成修缮工程项目可行性研究招标、工程设计招标、施工招标和材料设备采购招标;若按招标方式,根据《中华人民共和国招标投标法》规定可分成公开招标和邀请招标。

3.1.2.1　公开招标和邀请招标的概念

1)公开招标又叫竞争性招标,即由招标人在报刊、电子网络或其他媒体上刊登招标公告,吸引众多法人或其他组织参加投标竞争,招标人从中择优选择中标人的招标方式。按照竞争程度,公开招标可分为国际竞争性招标和国内竞争性招标。国际竞争性招标是在世界范围内进行招标,国内外合格的投标人均可以投标,要求有制作完整的英文标书,在国际上通过各种宣传媒介发布招标公告。国内竞争性招标是在国内进行招标,用本国语言编写标书,只在国内的媒体上登出公告,公开出售标书,公开开标。国内竞争性招标适用于合同金额较小、劳动密集型、商品成本较低而运费较高、当地价格明显低于国际市场价格等项目的招标。从国内招标,工程项目承包商可以大大节省时间,而且这种便利将对项目的实施具有重要的意义。高校修缮工程一般采用国内竞争性招标模式。在采用国内竞争性招标的情况下,如果外国公司愿意参加,则应允许他们按照国内竞争性招标参加投标,不应人为设置障碍,妨碍其公平参加竞争。

2)邀请招标又称有限竞争性招标或选择性招标,即由招标人选择一定数目的承包商并向其发出投标邀请书,邀请他们参加投标竞争,其优点在于经过选择的投标人在施工经验、技术力量、经济和信誉上都比较可靠,因而一般都能保证进度和质量要求。此外,参加投标的承包商数量较少,因而招标时间可相对缩短,招标费用也较少。招标人采用邀请招标方式的,应当向三个及以上具备承担项目能力、资信良好的法人或其他组织发出投标邀请书。

3.1.2.2　公开招标和邀请招标的区别

1)招标信息的发布方式不同。公开招标是利用招标公告发布招标信息,而邀请招标则是采用向三个及以上具有实施能力的投标人发出投标邀请书,请他们参与投标竞争。

2)选择的范围不同。公开招标使用招标公告的形式,针对的是一切潜在的对招标项目感兴趣的法人或其他组织,招标人事先不知道投标人的数量；邀请招标则针对已经了解的法人或其他组织，事先已经知道投标人的数量。

3)竞争的范围不同。由于公开招标使所有符合条件的法人或其他组织都有机会参加投标，竞争的范围较广，竞争性体现得也比较充分，招标人拥有绝对的选择余地，容易获得最佳招标效果；邀请招标中投标人的数目有限，竞争的范围有限，招标人拥有的选择余地相对较小，也有可能将某些更有竞争力的承包商遗漏。

4)公开的程度不同。公开招标中，所有的活动都必须严格按照预先指定并为大家所知的程序公开进行，大大减少作弊的可能。

5)时间和费用不同。由于邀请招标不发公告，招标文件只送几家，使整个招标投标时间大大缩短，招标费用也相应减少；公开招标的程序比较严格，对依法招标项目，从发公告、投标人作出反应、评标到签订合同，还有许多时间上的限制要求，因而耗时较长，费用也比较高。

公开招标和邀请招标各有特点，从不同的角度比较，会得出不同的结论。招标人可根据工程项目的特点、潜在投标人的数量和资质等情况来确定招标方式。因公开招标比邀请招标更具竞争性、程序上更公开、更能体现招标特点，所以《中华人民共和国招标投标法实施条例》规定，国有资金占控股或者主导地位的依法必须进行招标的项目，应当公开招标。学校应严格执行国家招标投标法律法规。

3.1.3 高校修缮工程项目招标的主要工作

高校修缮工程项目招标可大致分成招标准备、招标、投标、定标等几个主要阶段。具体流程可参见图 3-1。

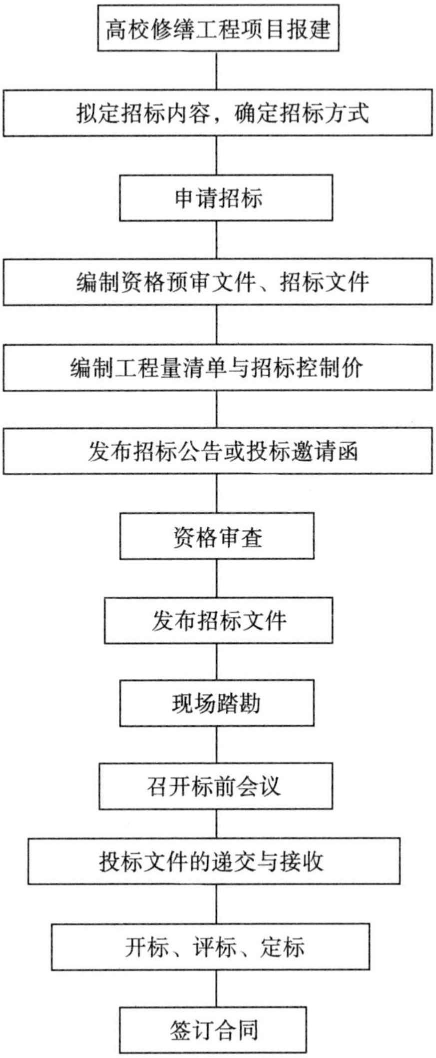

图 3-1　高校修缮工程项目招标流程

3.1.3.1　招标准备阶段

高校修缮工程项目招标准备阶段的工作基本由归口管理部门完成，主要工作包括以下几个方面：

1)项目立项。高校修缮工程项目的立项批准文件或年度投资计划下达后，按照高校修缮工程制度要求进行报建。修缮改造工程报建内容主要包括工程名称、改造修缮地点、投资规模、资金来源、工程规模、结构类型、发包方式、计划开竣工日期、工程筹建情况等。

2)拟定招标内容，确定招标方式。高校修缮工程招标可以包括整个修缮改造过程各个阶段的全部工作，也可以只是其中某个阶段的工作，或是某一个阶段中的某一专项的工作，具体可分为：

(1)设计招标。修缮工程建设实行设计招标，旨在优化设计方案，择优选择设计单位，一般是一次性总招标。

(2)工程项目施工招标。施工招标有全部工程招标、单项工程招标、专业工程招标等形式。

(3)工程监理招标。在项目实施中，学校为了对项目质量、进度、投资等进行管理监督，通过委托的方式，公开招标项目监理单位对项目实施单位进行质量、进度、投资等控制管理。工程监理可以是针对设计阶段的，也可以是针对施工阶段的，实践中工程监理主要针对的是工程项目施工阶段。

(4)设备材料供应招标。大中型改造项目的设备招标视项目设备的不同情况，可以由业主直接向设备供应商招标，也可以委托设备成套管理机构或工程承包单位招标。招标的方式可以是单项设备招标，也可以按分项工程或整个项目所需设备一次性招标。

3)申请招标。招标人向建设行政主管部门或招标管理机构办理招标申请。申请招标文件的主要内容有：招标工作范围、招标方式、计划工期、对投标人资质的要求、招标项目前期准备工作的完成情况(如施工招标时勘察设计情况、施工现场条件等)、招标机构组织(自行招标或者委托招标)等。

4)编制资格预审文件。招标人的招标申请获得批准后，可以编制资格预审文件、招标文件。

资格审查分为资格预审和资格后审。公开招标工程项目采用资格预审时，只有通过资格预审的单位才可参加投标；不采用资格预审的公开招标项目则在开标后进行资格后审。采用资格预审时招标人需编制资格预审文件和招标文件；采用资格后审时招标人只需编制招标文件，而将有关资格审查的内容放在招标文件内。

招标人编制资格预审文件时可参照资格预审文件范本，根据工程具体情况和要求编写，资格预审文件一般包括以下内容：

(1)投标单位组织机构。

(2)近2～3年完成工程的情况及重大质量和安全事故记录。

(3)目前正在履行的合同情况。

(4)过去2年经审计过的财务报表。

(5)过去2年的资金平衡表和负债表。

(6)下一年度经营状况预测。

(7)拟用于本招标工程的施工机械设备情况。

(8)拟派往本招标工程的项目负责人与主要技术人员情况。

(9)与资格预审有关的其他资料。

5)编制招标文件。招标人应根据工程项目的具体情况、《中华人民共和国招标投标法》及相应的规定编写招标文件,编写格式可参照招标文件范本,一般招标文件的内容有:

(1)投标须知。

(2)招标工程的技术要求和设计文件。

(3)采用工程量清单招标的,应提供工程量清单及招标控制价。

(4)投标函的格式及附录。

(5)拟签订合同的主要条款。

(6)资格审查表(若为资格后审的工程)。

(7)要求投标人提交的其他材料。

招标人编写的招标文件在向投标人发放的同时应向建设行政主管部门备案。建设行政主管部门发现招标文件有违反法律法规内容的,应责令招标人改正。

6)编制工程量清单与招标控制价。工程量清单是表现拟修缮工程的分部分项工程项目、措施项目、其他项目的项目编码、项目名称、计量单位和工程数量的详细清单。采用工程量清单招标的项目,工程量清单由招标人统一提供,它是招标文件的重要组成部分,投标人应根据市场行情和自身实力对工程量清单项目逐项报价。《建设工程工程量清单计价规范》(GB 50500—2013)规定:使用国有资金投资的建设工程项目应实行工程量清单招标,招标人应编制招标控制价。招标控制价是公开的拟招标工程的最高限价,并在招标文件中公布,这体现了招标公开、公正的原则。当招标控制价超过批准的概算时,招标人应报原概算审批部门审核。投标人的投标报价高于招标控制价的，其投标应予拒绝。招标控制价不应上浮或下调，同时招标人需将招标控制价的明细表报工程所在地工程造价管理机构备查。招标控制价的编制依据是：

(1)《建设工程工程量清单计价规范》。

(2)国家级或省级行业建设主管部门颁发的计价定额和计价办法。

(3)建设工程设计文件及相关资料。

(4)招标文件中的工程量清单及有关要求。

(5)与建设项目相关的标准、规范、技术资料。

(6)工程造价管理机构发布的工程造价信息。对于工程造价信息没有发布的材料，按市场价发布。

(7)其他相关资料。

投标人经复核认为招标人公布的招标控制价未按照《建设工程工程量清单计价规范》的规定进行编制的，应在开标前(5日)向监督机构或(和)工程造价管理机构投诉。招标投标监督机构应会同工程造价管理机构对投诉进行处理，发现确有错误的，应责成招标人修改。

3.1.3.2　高校修缮工程招标准备特点与要求

经批准的修缮工程项目只有具备一定的条件后，才能进行招标，这些条件主要有三方面要求：一是资金条件，二是相关审批手续，三是必要的准备工作。例如，高校修缮工程项目施工招标时必须具备下列条件：

1)项目列入学校年度修缮计划。

2)项目具备相应设计深度的设计图及概算。

3)项目具备开工条件。

4)有主管部门签发的建筑许可证。

工程项目具备必要条件后，招标人可以向当地行政主管部门或招标办事机构提出招标申请，经审查批准后才可开展招标活动。招标人在此阶段的工作应综合考虑以下四个方面：

1)根据工程项目特点和招标人自身管理能力确定招标范围。

2)依据项目建设进度计划确定招标的工作内容。

3)按招标前准备工作完成情况，选择合同计价方式。例如施工招标时，对于已完成施工图设计中的中小项工程，可采用总价合同；若是初步设计完成后的大型复杂工程，则应采用估计工程量的单价合同。

4)依据工程项目的特点、招标前准备工作的完成情况、合同类型等因素,最终确定招标方式。

3.1.3.3　招标投标阶段

公开招标从发布招标公告开始,邀请招标从发出投标邀请书开始,到投标截止的这段时间称为招标投标阶段,在这段时间内招标人做好招标的组织工作,而投标人则按招标的有关要求响应招标,进行投标报价竞争工作。具体工作有:

1)发布招标公告或投标邀请书。招标公告的作用是让潜在投标人获得招标信息,以便进行项目筛选从而确定是否参加投标。《中华人民共和国招标投标法》规定:招标人采用公开招标方式的,应当发布招标公告,依法必须进行招标的项目的招标公告,应当通过国家指定的报刊、信息网络或其他媒介发布。招标人采用邀请招标方式的,应当向三个及以上具备承担招标项目的能力、资信良好的特点的法人或其他组织发出投标邀请书。招标公告或投标邀请书的具体格式可由招标人自定,内容一般包括:招标单位名称,建设项目资金来源,工程项目概况和本次招标工作范围的简要介绍,购买资格预审文件的地点、时间和价格等有关事项。

2)资格审查。资格审查程序的目的是在招标投标过程中剔除不适合承担或履行合同的潜在投标人。根据《中华人民共和国招标投标法》的规定:招标人可以根据招标项目本身的要求,在招标公告或者投标邀请书中,要求潜在投标人提供有关资质证明文件和业绩情况,并对潜在投标人进行资格审查;国家对投标人的资格条件有规定的,依照其规定。招标人不得以不合理的条件限制或者排斥潜在投标人,不得对潜在投标人实行歧视待遇。资格审查主要考察该企业的总体能力是否具备完成招标工作所要求的条件,可以采用资格预审或者资格后审。

资格预审的优点是保证投标人在资质和能力等方面能够满足完成招标工作的要求。另外,先通过资格预审优选出综合实力较强的投标人,再请他们参加投标竞争,也减少了评标的工作量,同时可让明显不符合要求或实力不够的单位不参与投标以节约成本。进行资格预审,对于潜在投标人来讲,当了解工程具体情况及要求后,达不到条件时可放弃投标,节约投标费用;对于招标人来讲,可淘汰那些不合格的投标人,缩减评审和比较投标文件的数量,同时可以了解潜在投标人的财务能力、技术状况及类似工程的施工经验，筛选出确有实力和信誉的潜在投标人参与投标。

资格后审的好处是参加投标的投标人相对较多，对业主来说选择的余地相对较大。另外，从开标到确定中标人时间较短，投标人的信息能得到有效保密，切断了信息传递途径，减少了围标、串标等现象的发生；还可从源头上预防腐败现象的发生。采用资格后审的招标工程，招标人应在招标文件中设置专门的章节，明确合格投标人的资格条件、资格后审的评审标准和评审方法，其中合格投标人的资格条件应当清晰明确，易于准确判定。

资格预审和资格后审各有利弊，在实际操作中，也具有很强的互补性，很难说哪种方式好、哪种方式不好。目前，只要投标人满足招标文件中规定的资质、业绩、人员、财力和信誉等最低条件要求，在报价合理的前提下，各地多采用资格后审，以便让符合资格的投标人都有同等的机会去参加竞争。在特殊情况下，如建设规模大、技术含量高的项目，也可采用资格预审。为防止资格预审中可能出现的种种弊端，作为招标投标监管部门，应明确资格预审的基本条件，严格把控资格预审的审批程序，最大限度地减少人为因素的制约，以真正体现招标投标的公开、公平、公正的原则。

3)发布(发售)招标文件。招标文件是由招标人编制并提供给投标人的重要文件。招标文件中说明了拟招标修缮工程的性质、范围，招标人对投标人的所有实质性要求和条件，评定标准以及订立合同的条件等。招标文件规定的各项实质性要求和条件，对修缮工程招标的承发包双方都具有约束力，是投标人编制投标文件的依据，是评标及招标人与中标人签订承发包合同的基础。它还规定了招标人与投标人之间的权利和义务，可作为今后签订施工合同的基础。

采用资格预审的项目，招标人向资格审查合格的投标人发放招标文件。招标人对于发出的招标文件可以酌情收取工本费，但不得以此牟利。投标人收到招标文件、图纸和有关资料后，应认真核对，核对无误后应以书面形式予以确认。投标人若有疑问或不清楚的问题需要解答、解释的，应在收到招标文件后在规定的时间前以书面形式向招标人提出，招标人应以书面形式或在答疑会上予以解答。招标人对招标文件所作的任何澄清或修改，须报建设行政主管部门备案，并在投标截止日期15日前发给获得招标文件的投标人。投标人收到招标文件的澄清或修改内容后应以书面形式予以确认。招标文件的澄清或修改内容作为招标文件的组成部分，对招标人和投标人起约束作用。

4)现场踏勘。现场踏勘的目的在于让投标人了解工程现场情况和周围环境情况等,以便投标人编制施工组织设计方案或施工方案,以及获取计算各种措施费用时必要的信息;另外也可要求投标人通过实地考察确定自己的投标策略,避免合同履行过程中投标人以不了解现场情况为由推卸应承担的合同责任。一般招标人会在投标须知规定的时间组织投标人自费进行现场考察,当然根据工程项目情况,招标人也可能不统一组织踏勘现场。投标人在踏勘现场过程中如有疑问,应在答疑会前以书面形式向招标人提出。对于投标人踏勘现场时提出的疑问,招标人可以书面形式答复,也可以在答疑会上答复。

5)召开标前会议。标前会议也称"答疑会",在招标文件规定的时间和地点,由招标人主持召开,其目的在于由招标人解答投标人提出的有关招标文件和踏勘现场中的疑问。解答的疑问包括会议前由投标人书面提出的和在答疑会上口头提出的质疑。答疑会结束后,由招标人整理会议记录和解答内容(包括会上口头提出的询问和解答),以书面形式将所有问题及解答发放给获得招标文件的投标人。会议记录作为招标文件的组成部分,内容若与已发放的招标文件有不一致之处,则以会议记录的解答为准。问题及解答纪要作为招标文件的组成部分,具有同等的法律效力,须同时向建设行政主管部门备案。

6)投标文件的递交与接收。投标人应按招标文件的要求编制投标文件,在投标截止前按规定时间、地点将投标文件递交给招标人。在开标前,任何单位和个人均不得开启投标文件。招标人应做好投标文件的接收工作,并做好接收记录。采用电子招标时,投标人同样应当在投标截止前完成投标文件的传输提交,投标截止时间前未完成投标文件传输的视为撤回投标文件。投标截止时间后传送的投标文件,电子招标投标交易平台应当拒收。电子招标投标交易平台收到投标人送达的投标文件后,应当即时向投标人发出确认回执通知,并妥善保存投标文件。在投标截止时间之前,投标人可以对所递交的投标文件进行修改或撤回。招标人可以在招标文件中要求提交投标保证金或者投标保函,投标人应当按照招标文件要求的方式和金额将投标保证金或者投标保函随投标文件提交给招标人。

3.1.3.4　定标成交阶段

从开标到签订合同的这一段时间称为定标成交阶段，是对各投标文件进行评审比较，最终确定中标人的过程。这期间的主要工作是：

1)开标。开标是指招标人将所有的投标文件当众启封揭晓。开标应为招标文件确定的投标截止时间的同一时间公开进行；开标地点应为招标文件中规定的地点。公开招标和邀请招标均应举行开标，体现招标的公平、公正和公开原则。开标会议由招标人组织并主持，可以邀请公证部门对开标过程进行公证。招标人应对开标会议做好签到记录，以证明投标人出席开标会议。

启封投标文件后，按报送投标文件时间先后的逆顺序进行唱标，当众宣读有效投标的投标人名称、投标报价、工期、质量、主要材料用量，以及招标人认为有必要的内容。对提交合格“撤回通知”和逾期送达的投标文件不予启封。招标人应对唱标内容做好记录，并请投标方法定代表人或授权代理人签字确认。

对于电子招标，开标也可按照招标文件中规定的时间在交易平台上公开进行。开标时，交易平台可自动提取所有投标人的投标文件，招标人和投标人按招标文件规定方式按时在线解密。当前采用较多的投标文件解密方式是：投标时投标人采用 CA 锁加密，开标时由投标人采用 CA 锁解密。解密全部完成后，交易平台将系统生成的开标记录向社会公众公布(依法应当保密的除外)，公布投标人名称、投标价和招标文件中规定的其他内容。

2)评标。评标由评标委员会按照招标文件中明确的评标定标方法进行。评标委员会成员由招标人和招标人邀请的有关经济、技术专家组成，评标委员会是负责评标的临时组织。有关经济、技术专家应从建设行政主管部门及其他有关政府部门确定的专家名册或者工程招标代理机构的专家库内相关专业的专家名单中随机抽取，若随机抽取的评委人员与招标人或投标人有利害关系则应重新抽取。招标人、招标代理机构以外的经济、技术专家人数不少于评标委员会总人数的三分之二。

评标的工作程序一般如下：首先，评标委员会对投标文件进行符合性鉴定，核查投标文件是否按照招标文件的规定和要求编制、签署，投标文件是否实质上响应招标文件的要求；其次，评标委员会应按招标文件规定的评标、定标方法，对投标人的报价、工期、质量、主要材料用量、施工方案或组织设计、以往业绩、社会信誉、优惠条件(如果有)等方面进行评审。必要时,评标委员会可要求投标人澄清其投标文件或进行答辩。针对投标文件的答辩一般需要召开答辩会,由投标人进行答辩,先以口头形式对询问进行解答,随后在规定的时间内投标人以书面形式对口头答辩中提出的问题予以确认、澄清或进一步答辩,书面答复会作为投标文件的组成部分,但澄清的问题不应是更改投标价或投标等实质性内容。评标委员会按照招标文件中规定的评标定标方法完成评标后,编制评标报告,向招标人推选中标候选人或确定中标人。评标报告中应阐明评标委员会对各投标人的投标文件的评审和比较意见。评标报告应包括评标情况说明、对各合格投标文件的评价、推荐合格的中标候选人等。如果评标委员会经过评审认为所有投标都不符合招标文件的要求,可以否决所有投标。出现这种情况时,招标人应重新招标。

3)定标。《中华人民共和国招标投标法》规定,中标人的投标应当符合下列条件之一:能够最大限度地满足招标文件中规定的各项综合评价标准;能够满足招标文件的实质性要求,并且经评审的投标价最低;但是投标价低于成本的除外。在确定中标人前,招标人不得与投标人就投标价、投标方案等实质性内容进行谈判。招标人根据评标委员会提出的书面评标报告和推荐的中标候选人确定中标人;招标人也可以授权评标委员会直接确定中标人。中标人确定后,招标人应当向中标人发出中标通知书,同时将中标结果通知所有未中标的投标人,并退还其投标保证金。中标通知书对招标人和中标人均具有法律效力。中标通知书发出后,招标人改变中标结果的,或者中标人放弃中标项目的,应当依法承担法律责任。

依法必须进行招标的项目,招标人应将修缮工程招标、开标、评标情况,根据评标委员会编写的评标报告编制招标投标情况书面报告,并自确定中标人之日起 15 日内,将招标投标情况书面报告和有关招标投标情况备案资料、中标人的投标文件等向建设行政主管部门备案。

4)签订合同。招标人和中标人应当自中标通知书发出之日起 30 日内,按照招标文件和中标人的投标文件订立书面合同。招标人和中标人不得再行订立背离合同实质性内容的其他协议。

3.1.3.5　评标标准与方法

评标是招标投标工作中的重要环节,即对所有投标文件进行系统的评审和比较，评审依据是招标文件中载明的评标标准与方法。评标的方法标准应体现公正、合理的原则，不得含有倾向或者排斥潜在投标人的内容，不得妨碍或者限制投标人之间的竞争。评标活动遵循公平、公正、科学、择优的原则，评标委员会应秉承公平、公正、公开的原则对待所有的投标人，明确各自的工作职责。对应着《中华人民共和国招标投标法》中的中标条件，我国目前工程项目中的评标方法主要有经评审的最低投标价法和综合评估法。

1)经评审的最低投标价法。经评审的最低投标价法是指在投标文件能够满足招标文件实质性要求的投标人中，评审出投标价最低的投标人，但投标价低于其企业成本的除外。这种评标方法是以"合理低报价、不低于成本价"为标准，一般适用于具有通用技术、性能标准或者招标人对其技术、性能没有特殊要求的招标项目。

采用经评审的最低投标价法的，一般要求评标委员会在技术标评审满足招标文件要求的基础上再进行商务标评审。评标委员会对技术标认定为"可行"的标书，其商务标应按有效投标总报价从低到高的顺序进行详细评审，主要评审其是否低于成本，评审的主要内容为分部分项工程量清单项目、主要材料项目、措施费项目。在报价从低到高排序的基础上，如评审认定报价不低于成本，即确定该投标人为中标人。对实行经评审的最低投标价法的工程项目的要求有：资格审查工作须严格，确保投标人都有能力完成工程；招标前期工作质量要求高，设计图要达到一定的深度和精度，招标文件编写要细致周到，招标保证措施齐全，特别是工程担保措施；投标人应有完整的成本核算经验。经评审的最低投标价法的优点是：招标人可以最低的价格获得最优的服务，能够降低投资成本；有利于建立良好的竞争机制，促使企业加强管理，积极采用新技术，降低成本；能有效遏制投标人的围标行为，有利于招标投标市场的健康发展，防止滋生腐败；有利于与国际惯例接轨。但在具体的实施过程中，也会产生一些问题，如中标后反悔不签合同、低价中标高价索赔、恶性竞争、低价低质或因价格太低无法完工而形成"半拉子工程"和"胡子工程"等。

当工程技术、性能没有特殊要求，且工程管理水平较高，工程设计图深度足够，招标文件及工程量清单详尽、准确时，宜采用经评审的最低投标价法。

2)综合评估法。综合评估法是指在投标文件能够最大限度地满足招标文件规定的各项综合评价标准的投标人中,择优选择中标人的评标定标方法。评审的指标因素围绕“工程质量、工期、成本”三大目标,一般按照工程质量、施工工期、投标报价、施工组织设计或者施工方案、投标人及项目经理业绩等相关内容要求全面评价投标人,以评分方式进行评估,得分最高者中标。

采用综合评估法时,投标人的投标报价最低不一定能中标。为防止投标人以低于成本的报价参与投标形成恶性竞争,也为防止投标人哄抬投标价,招标人往往会设置“评标基准价”用以对投标人的投标报价进行评审。当投标人报价等于基准价时最为理想,当投标人报价高于基准价或低于基准价时会被扣一定分值,此“评标基准价”类似于以前实践中的招标标底,基本是该工程常规或略偏低一点的报价水平,可认为是招标人的“招标期望值”,为防止腐败行为,一般该值会设定为开标前无法预知。

采用综合评估法可以综合考虑投标人的投标报价、质量、工期、业绩信誉、安全生产、文明施工、施工组织设计等条件,同时兼顾价格、技术等因素,能客观反映招标文件的要求,能全面评估投标单位的总体实力。招标人也可根据工程实际情况,根据相关规定调节评分项目及分值权重,有利于工程项目的顺利实施。但应注意招标人的评分标准中各项目的量化方式应科学,另外评审时由于评标专家不易在较短时间内对投标文件中的资料进行全面仔细的了解、核实,评审中主观性较强,易出现不公正的评标。

一般当工程技术复杂,具有特殊专业技术要求,建设工程管理水平不高,工程设计图深度不够,或招标文件及工程量清单粗放,不适宜采用经评审的最低投标价法时,可采用综合评估法。

3.1.4 修缮工程项目招标投标的实施与监督

3.1.4.1 招标投标的有关法律法规

国家发展和改革部门指导和协调全国招标投标工作,会同有关行政主管部门拟定了《中华人民共和国招标投标法》配套法规、综合性政策,包括必须进行招标的项目的具体范围、规模标准以及不适宜进行招标的项目并报国务院批准;指定发布招标公告的报刊、信息网或者其他媒介。有关行政主管部门根据《中华人民共和国招标投标法》和国家有关法规、政策,可联合或分别制定具体实施办法。

国务院发展和改革部门指导和协调全国招标投标工作，对国家重大建设项目的工程招标投标活动实施监督检查。国家工业和信息化部、住房和城乡建设部、交通运输部、铁道部、水利部、商务部等部门，按照规定的职责分工对有关招标投标活动实施监督。县级以上地方人民政府发展和改革部门指导和协调本行政区域的招标投标工作。县级以上地方人民政府有关部门按照规定的职责分工，对招标投标活动实施监督，依法查处招标投标活动中的违法行为。县级以上地方人民政府对其所属部门有关招标投标活动的监督职责分工另有规定的，从其规定。财政部门依法对实行招标投标的政府采购工程建设项目的预算执行情况和政府采购政策执行情况实施监督。监察机关依法对与招标投标活动有关的监察对象实施监察。

3.1.4.2 招标投标的交易场所

设区的市级以上地方人民政府可以根据实际需要，建立统一规范的招标投标交易场所，为招标投标活动提供服务。招标投标交易场所不得与行政监督部门存在隶属关系，不得以营利为目的。国家鼓励利用信息网络进行电子招标投标。禁止国家工作人员以任何方式非法干涉招标投标活动。

按照国家有关规定需要履行项目审批、核准手续的，依法必须进行招标的项目，其招标范围、招标方式、招标组织形式应当报项目审批、核准部门审批、核准。项目审批、核准部门应当及时将审批、核准确定的招标范围、招标方式、招标组织形式通报有关行政监督部门。

3.1.4.3 对招标投标的监督

招标代理机构是依法设立、从事招标代理业务并提供相关服务的社会中介组织。招标代理机构与行政机关和其他国家机关不得存在隶属关系或者其他利益关系。招标代理机构的资格依照法律和国务院的规定由有关部门认定。国家住房和城乡建设部、商务部、发展和改革委员会、工业和信息化部等部门，按照规定的职责分工对招标代理机构依法实施监督管理。

国家实行统一的评标专家专业分类标准和管理办法，具体标准和办法由国家发展和改革委员会会同国务院有关部门制定。省级人民政府和国务院有关部门应当组建综合评标专家库。有关行政监督部门应当按照规定的职责分工，对评标委员会成员的确定方式、评标专家的抽取和评标活动进行监督，行政监督部门的工作人员不得担任本部门负责监督项目的评标委员会成员。

3.2 高校修缮工程项目招标投标工作审计

招标投标工作是修缮工程项目的建设程序之一，其工作质量的好坏直接影响项目的投资效益，因此加强对工程项目招标投标的审计就显得十分必要。我国政府审计机构一般在招标投标工作完成后进行事后审计，但从审计实务角度看，内部审计人员应在开标时介入，以实施建设项目招标投标审计。在招标投标时实施对工程项目的跟踪审计能够发现招标过程中甚至是前期存在的一些问题，可建议有关部门及时改正；此时承包合同尚未签订，审计建议也易于有效执行。招标投标阶段工程项目的审计工作属于修缮工程项目的前期审计，这相当于事前审计，具有主动性，可以提高修缮工程项目承发包的质量与绩效。但在这个过程中，审计人员不得参与招标投标管理，不能参与标书的评定，审计意见只能作为评标委员会评定标书的依据，审计人员应当注意保持审计工作的独立性，只有在独立基础上进行的审计，才能保证审计结果的公正与客观。在承包合同签订之后，审计人员应注重审计合同的执行情况，即审计人员以已经过审计的招标投标过程确认的合同为依据，对审计招标人与投标人在合同履行过程中的合法合规程度，实施建设全过程的监督。

实施招标投标环节的审计工作，需要有良好的内部审计工作环境和外部审计工作环境，需要学校相关职能部门的大力支持与配合，只有这样才能实现修缮工程项目的最佳经济性、有效性、效益性的统一。

3.2.1 高校修缮工程项目招标投标的审计依据及常见问题

3.2.1.1 高校修缮工程项目招标投标的审计依据

修缮工程项目招标投标审计的主要依据有：

1)法律法规。主要依据我国建设工程项目招标投标的法律法规，如《中华人民共和国招标投标法》《中华人民共和国招标投标法实施条例》《工程建设项目施工招标投标办法》等。

2)高校内部招标管理制度，如《××大学建设工程招标采购管理办法》等。

3)建设工程管理审计指导性文件，如《第3201号内部审计实务指南——建设项目审计》。

4)招标投标程序中的各项文件资料，主要有招标管理制度、招标文件、招标答疑文件、标底文件(招标控制价文件)、投标保函、投标人资质证明文件、投标文件、投标澄清文件、开标记录、开标见证文件、评标记录、定标记录、中标通知书、专项合同等。

3.2.1.2　高校修缮工程项目招标投标中的常见问题

招标投标被称为"阳光工程",但这并不意味着只要采取了招标方式就可以杜绝腐败,就可以阻止不正当的竞争行为,那只是人们一种美好的设想。当前在招标实践中依然存在着许多不规范的行为和操作,在招标投标阶段比较典型的问题有:

1)利用职务之便行招标腐败。招标的目的是节约资源、提高工程质量,而有些招标负责人、政府有关职能部门负责人却无视法律法规,利用职务之便中饱私囊,让工程招标成为职务犯罪的高发部位。可能项目的承揽机会都是相应的承包商、供应商经过"合法"投标取得的,但种种现象背后难掩的是招标腐败、职务犯罪的事实。

2)肢解工程,规避招标。修缮工程项目发包的内容与方式应该根据工程项目的特征来确定,一般是以单项工程作为发包对象,修缮工程达到一定规模就必须招标。有的招标人擅自将招标范围限定于部分工程,而依法应招标的设计、监理、重要设备材料的采购和一些配套附属工程则直接发包。有的招标人为了规避招标而任意肢解工程,将一个造价大的工程项目肢解为若干个小工程,各个工程的造价低于招标限额,这种现象在修缮工程中尤为突出。如某单位将教学楼装修工程肢解为卫生间改造、某房间改造等项目对外单独发包,从而规避招标。《中华人民共和国建筑法》第二十四条规定:"提倡对建筑工程实行总承包,禁止将建筑工程肢解发包……不得将应当由一个承包单位完成的建筑工程肢解成若干部分发包给几个承包单位。"但是在利益的驱使下,仍有很多招标人置若罔闻。招标人违规肢解修缮工程项目进行发包,不仅使修缮工程整体质量难以保证,埋下了安全隐患,同时也为腐败现象的产生提供了便利条件。

3)规避公开招标。公开招标和邀请招标这两种方法各有千秋。一般公开招标选择的范围更大、竞争更激烈、公开程度也更大,公开招标是体现招标"公开、公平、公正"原则的重要形式。因此我国规定重点建设项目全部使用国有资金投资、国有资金投资占控股或者主导地位的工程建设项目,应当公开招标。而有些招标人在操作过程中,为了照顾特定的关系,将本应公开招标的项目采用邀请招标，为其特定对象减轻竞争压力，创造中标条件。还有些招标人在信息发布上做文章，如限制信息发布范围、缩短发布信息的时间甚至不发布招标信息，在客观上造成了获知信息的不平等。

4)虚假招标，明招暗定。有的招标人弄虚作假，随意更改招标书和打时间差，搞明招暗定、虚假招标，使招标流于形式；还有的招标人故意缩短投标人编制标书的时间。《中华人民共和国招标投标法》规定："自招标文件开始发出之日起至投标人提交投标文件截止之日止，最短不得少于二十日。"而为了防止招标人在投标截止后至开标前出现违规行为，《中华人民共和国招标投标法》专门规定"开标应当在招标文件确定的提交投标文件截止时间的同一时间公开进行"。

有些招标人确定了一家意向单位，便在招标文件上制定倾向性条款，为有意向的投标单位排斥潜在投标人排除障碍。表面上看，按规定该办理的手续都办理，招标应有的程序形式也规范，但这种招标却仅仅是具备招标的外表，招标人打着招标的幌子，中标人早已内定，多数投标人都是陪衬，或自愿或被骗地陪着中标人走过场。在招标过程中，设置"门槛"，利用"技术手段"，排斥潜在的投标人，这种招标从程序上来看非常规范，从而使这样虚假的招标具有更大的欺骗性。也有的是在评标环节中做手脚，评标时暗示或明示评委，操纵评委，操纵评审结果。

在招标投标过程中的违法违规行为的背后，常常会出现招标代理机构的身影。某些招标代理机构为了满足招标人不合理的要求，以便今后能够获得更多的招标代理业务，不顾法律法规的严肃性，利用掌握的专业知识，协助招标人的意向单位顺利"中标"；也有些招标代理人受利益驱使，与投标人勾结，私下操纵招标结果。

5)个别评标专家的职业操守不够。评标人员在评标过程中是否公正对评标结果影响较大。但是少数评委在评标过程中缺乏应有的职业道德，接受投标人的财物或其他好处，在评标时不能公正行使自己的权利，与招标人、投标人串通损害国家利益、社会公共利益或他人合法权益。也有少数评委缺乏相应专业知识和经验，难以胜任评标工作，在评标过程中不能独立参评，随意附和他人的意见致使评标工作走过场，不能保证招标投标的公平公正。

6)资质等级不够，挂靠现象严重。挂靠是指一些低资质、无资质的单位甚至个人通过借用、挂靠高资质的单位获取投标资质参与投标。其主要表现形式有：一个投标人挂靠、租借多个企业资质集中参加一个标段投标；有的投标人将通过资格预审的所有潜在投标人的投标权买断后获取中标；有的投标人租借多个企业资质集中参加一个标段的资格预审，通过资格预审后将投标权利卖出；一些有资质的单位因标段太小，本身无兴趣参与投标，而将资质借予他人投标，从中收取管理费用。挂靠的企业存在两个普遍问题：一是缺乏技术实力，二是缺乏经济实力。这将给修缮工程质量带来极大隐患，投标挂靠行为也加大了建设过程中相关部门的监管难度，严重扰乱了建筑行业的秩序。

7）市场竞争激烈，压价现象严重。这主要是投标人的问题。当前的建筑市场上“僧多粥少”，市场竞争异常激烈。不少建筑企业为了生存，参加投标时不惜使用任何手段，过度压价；也有的建设单位由于其在建筑市场中处于极强势主导地位，有很强的优越感，迫使施工单位接受建设单位提出的苛刻条件低价中标。从客观上来说，招标投标工作应体现实际报价水平，只有这样，才能保证其行为的公平公正，压价的直接后果主要表现在两个方面：一是在既有的施工技术水平和管理条件下，为了保证在低标价下还能有利可图，承包者常常在施工时偷工减料，最终导致工程质量严重下降，实际投资效益降低，甚至造成严重的投资浪费，近几年在我国不断出现的工程倒塌事故就是很好的例证；二是尽管中标价已被压低，但施工单位一旦承揽了工程，会在施工期间不断以各种理由要求建设单位追加资金，使建设单位的管理工作非常被动，最后结算价严重超标，非但不能达到节约资金的目的，反而使招标工作失去了意义，而在招标投标过程中所发生的各项费用也没有发挥效益。另外，招标时的过度压价也干扰了建筑市场的正常交易秩序，使施工企业丧失自我发展和自我积累的能力并失去进一步发展的动力，长此以往，不利于建筑行业的健康有序发展。

8）投标人互相串通，串标、围标现象严重。投标人相互串通，相互勾结，抬高工程价。一些承包商为了避免市场竞争给自己带来的压力，最终达到“多赢”的目的，在投标时采取工程项目轮流做，相互掩护、相互帮助的办法，相互串通投标报价，达成协议，抬高工程报价，使某一投标人的报价最低，帮助其取胜，排挤其他投标人。例如有些施工单位同时挂靠数家施工企业参加投标，通过编制不同的投标方案进行串标、围标，从而将其他投标人排挤出局。甚至有的地方还出现了专业的围标集团，专门组织一些施工单位去投标，中标后再私下交易。

3.2.2 招标投标工作审计的目标与内容

3.2.2.1 招标投标工作审计的目标

修缮工程项目招标审计工作，主要是指对招标准备阶段、招标投标阶段、定标成交阶段的各项工作进行审查、评价。审计的主要目标是：

1)实现招标投标环节的内部控制及风险管理的适当性、合法性和有效性。

2)保证招标资料依据的充分性和可靠性。

3)实现招标投标程序的真实性、合法性和公正性等。

4)实现工程发包的合法性和有效性等。

3.2.2.2 招标投标工作审计的内容

修缮工程项目招标投标环节中的每项工作都有可能出现问题，因此以招标投标工作程序为主线，审视招标投标全过程的每一项工作内容，是招标投标审计工作的客观要求。在此基础上，审计工作主要包括以下内容：

1)对修缮工程项目招标条件可行性、完备性的审核。根据我国各地关于招标程序的规定，拟招标项目在立项审批获得批准后，招标人须向建设行政主管部门或招标管理机构办理招标申请，招标申请获得批准后，招标人方可进行招标。因此审计人员应从项目立项审批程序是否已履行、是否得到了相关部门的批复、修缮资金是否已到位、是否能在规定时间腾空或搬离等几方面入手，检查修缮工程项目是否具备招标条件、申请资料是否真实、招标审批手续是否齐全。

2)对招标内容范围的审核。我国法律规定建设工程可根据项目实际情况将工程项目拆分成多个标段进行招标，标段的划分应有利于企业竞争。若标段过小，可能会导致资质较高、业绩及信誉较好的大型企业不愿意参加投标，不能构成有效竞争。若标段过大，中小型企业根据自有资源将无力参与竞争，使其成为少数几个大型企业之间的竞争，投标也无竞争性，容易引起较高的投标报价。一般修缮工程是以单项工程或单位工程为单位进行招标的。审计人员应注意检查标段的划分是否适当，是否存在标段划分过细、增加工程成本和管理成本的问题，是否存在化整为零、肢解项目、规避招标的情况。

3)对招标方式的审核。采用公开招标的修缮工程,主要审查招标人是否在国家指定的报刊和信息网络上公开发布招标公告,招标公告内容是否完整。采用邀请招标方式时,需审核是否办理了审批手续、是否邀请了三个及以上投标人参加投标。

招标人具有编制招标文件和组织评标能力的,可以自行办理招标事宜。任何单位和个人不得强制招标人委托招标代理机构办理招标事宜,招标人有权自行选择招标代理机构,委托其办理招标事宜。任何单位和个人不得以任何方式为招标人指定招标代理机构。依法必须进行招标的项目,招标人自行办理招标事宜的,应当向有关行政监督部门备案。

4)对招标程序的审核。审查招标人编制的招标文件是否已获批准,是否按规定发布公告或发出招标邀请书,其内容是否合规、合法,是否与招标方式的相应规定一致;审查招标人出售、发布的招标文件是否符合规定要求,是否组织投标人在招标投标前来解答疑难问题;审查工程招标工作人员的内部控制情况,是否做到权责分离。

5)对招标文件的审核。招标文件是招标人以法定方式吸引投标人参加竞争,择优选择承包商的书面文件,它是投标人编制投标文件的依据,对招标投标双方都具有约束力,招标结束后,对招标人和中标单位也同样有约束力。招标文件的内容和条款也是中标后承发包双方签订工程合同中条件的一部分,招标文件的内容必须符合有关法律和法规条款。一份全面规范的招标文件,可避免日后承发包双方在合同实施过程及结算过程中产生不必要的争议。招标文件应包括招标项目的技术要求、对投标人资格的要求、投标报价的要求、评标标准等实质性要求和条件,以及拟签合同的主要条款;国家对招标项目的技术、标准有规定的,招标人应当按照其规定在招标文件中提出相应要求。招标文件不得以不合理的条件限制和排斥潜在投标人,不得对潜在投标人实行歧视待遇;招标文件不得要求或者标明特定的生产供应者以及含有倾向或者排斥潜在投标人的其他内容。审计招标文件时应注意审查有无招标人以不合理的条件限制、排斥潜在投标人或投标人的现象,有无对潜在投标人或者投标人实行歧视待遇的现象,有无其他单位和个人以行政手段或者其他不合理方式限制投标人数量的现象。

对招标文件的审核应本着公平、公正的原则,重点审查招标文件内容是否合法、合规,是否全面、准确地表述招标项目的实际状况;招标文件是否全面、准确地表述招标人的实质性要求；施工现场的实际状况是否符合招标文件的规定；招标文件中有关价格调整和结算的条款是否明确合理，风险分配结构是否合理；投标保函的额度和送达时间是否符合招标文件的规定；评标标准与方法是否取决于修缮工程项目的特点和条件，是否存在可能对某一投标人有利而对其他投标人不利的条款，是否含有倾向性等。

6）对工程量清单、招标控制价的审核。编制工程量清单是招标人应完成的工作，它是投标人报价的依据，工程承包中工程量的风险是由发包人承担的，因此必须对工程量清单中编制的量进行审核。清单编制应遵循客观、公正、科学、合理的原则，严格依据设计图和资料、现行的定额和有关文件以及国家制定的建筑工程技术规程和规范，客观公正，兼顾招标人和投标人双方的利益。审核工程量清单时应注意以下几方面：

（1）清单内容的完整性。不遗漏、重复，清单项目所附属的特征说明、技术标准和工艺要求应明确、无歧义。

（2）审核工程量，合理列项。以工程量计算规则、图样为依据，根据工程现场情况，考虑合理的施工方法和施工机械，分部分项地逐项计算工程量，准确列项。

（3）力求图纸做法与材料设备的明确，并且尽量不留“活口”。

招标控制价是对招标工程限定的最高工程造价，投标人的投标报价高于招标控制价的，其投标将予以拒绝。招标控制价应由具有编制能力的招标人或受其委托具有相应资质的工程造价咨询人编制。对招标控制价的审查应注意两方面：

（1）其编制是否合法，包括招标控制价的编制人是否具有相应资质，委托的编制机构是否专业、合法，证件是否真实有效，所编项目与本职专业是否相符，对委托项目的编制原则把握是否准确，历史编制记录中是否存在失误情况；编制招标控制价所依据的工程量清单、招标文件、设计文件及有关的标准、规范、技术资料是否合法有效。

（2）招标控制价编制的准确性，包括计价定额套用是否合理，换算是否准确，取费程序是否正确，计算方法是否得当，有无漏算、重算、错算等。

7）对投标资格的审核。对投标人资格的审核重点是审查投标人是否具备规定资格，审查的主要内容包括投标人的组织机构、财务状况、设备情况、施工经验等。资格审查的文字和条款要求严密和明确，应注意审查投标人资格资料的真实性。

审计潜在投标人或者投标人的资格审查是资格预审还是资格后审。主要审计是否达到国家有关规定对潜在投标人或者投标人资格条件的要求，是否达到资格预审文件或招标文件对潜在投标人或者投标人资格条件的要求；是否具有独立订立合同的权利；是否具有履行合同的能力，包括专业能力、技术资格、资金、设备和其他物质设施状况，管理能力、经验、信誉和相应的从业人员等方面。

审计有无潜在投标人或者投标人的任何不具有独立法人资格的附属机构（单位），或者为招标项目的前期准备或监理工作提供设计、咨询服务的任何法人及其任何附属机构（单位）参加投标的现象，有无投标人以他人名义投标的现象。审核投标文件的送达时间是否符合招标文件的规定，法人代表签章是否齐全，有无存在将废标当作有效标的问题。

8）对开标的审核。主要审查开标的程序是否符合相关法规的规定；招标人的招标组织工作是否得力，应参加开标会的有关方面代表是否齐全，特别是公证人员或检察部门代表是否到场；检查委托的招标代理机构是否合法有效，投标企业是否具备合法的资质，各种证件是否真实；投标文件是否按保密要求存放；是否按规定要求唱标、记录。

9）对评标的审核。主要检查评标委员会的组成是否符合规定，相应专家是否按规定随机抽取，是否有与投标人有利害关系的人员参加评标委员会；检查招标组织的统计工作是否准确；审核评标是否规范，评标委员会是否按招标文件中规定的评标标准与评标方法，公平、公正地评价各投标文件；检查对于过低的投标报价是否进行了合理性评审，是否进行了答疑与澄清，以及答疑与澄清的内容是否真实合理；检查对于废标的评定决定是否由评标委员会作出，依据是否充分等。

10）对定标的审核。主要检查定标的程序和结果是否符合规定，审查评标委员会提交的评标报告是否符合实际情况，推荐的中标候选人排序与评标结果是否一致；审查中标价格是否符合市场行情；审查学校选定的中标人是不是中标候选人中排序第一的，否则要查清第一名是否放弃中标或拒签合同，对没有任何理由推翻中标结果的，要查明原因，分清责任；审查评标结果是否进行了公示；审查招标人和中标人是否在规定时间内订立书面合同，所订合同是否有悖于招标文件的实质性内容；审查中标单位是否有违法转包或违规分包中标项目的问题，是否存在违法转包或分包造成修缮工程质量隐患或影响工期的问题；审查修缮工程合同的签订过程是否完整、手续是否齐全，防止签订“黑白合同”。

审计机构还应加强招标后的监督工作，建立信息反馈和追踪制度，看其是否按合同执行，并达到招标文件提出的要求。对于在招标投标过程中存在的幕后交易、以权谋私等问题，要及时严肃处理，并加大处罚力度；对招标投标中的违法违纪行为，要及时移送有关部门进行查处。修缮工程项目招标投标审计工作的主要内容提要如表 3-1 所示。

表 3-1　修缮工程项目招标投标审计工作的主要内容提要

流程名称	审计目的	审计内容提要
招标准备	工作是否可控	签批文件
	招标是否符合工程需要	招标文件是否真实、全面及标底(控制价)编制情况等
	合同形式是否与工程相符	招标文件所附合同主要条款是否符合工程特点
招标投标	招标过程的合规性	开标过程是否符合规定、有人监督
	招标过程的真实性	是否有围标、串标、虚假招标投标的迹象
定标成交	评标的严谨性	检查评标人员是否符合制度及相关规定
	评标的合理性	评标标准是否与招标文件所述一致、真实合理，评标报告是否真实合理
	工作可控情况	评标结果是否经审批等
	招标投标结果实际情况	签订合同是否与招标文件一致、与评标结果一致
全程关注：关注招标投标工作全过程中的时间顺序是否符合逻辑，以确定招标投标工作的真实性、合理性。		

加强高校修缮工程项目招标投标审计工作，有助于构建全方位审计监督体系，实施全程同步审计监督，形成系统的监督体制和机制，对提高工程

质量和投资效益，保证建设资金合法、高效使用具有重大意义。

3.2.3　工程项目招标投标审计方法

审计人员在进行工程招标投标审计工作时可采用观察法、询问法、分析性复核法、文字描述法、现场核查法等方法，获取充分、相关、可靠的审计证据，以支持其审计结论和建议。

3.2.3.1　观察法

观察法是审计人员亲临审计现场对归口管理部门或学校招标管理部门的招标投标管理工作及招标投标活动进行实地观察，以获取第一手资料，借以查明招标投标事实真相的一种审计方法。这种方法只适用于事中审计。

3.2.3.2　询问法

询问法是指审计人员通过面对面询问的方式调查有关情况的方法。审计执法中常采用询问的方式进行调查取证。在实践中，应结合实际情况，有针对性地选用询问方法，要注意询问技巧，另外还需判断被调查人员的回答是否准确等。

3.2.3.3　分析性复核法

分析性复核法是获取审计证据的一种基本方法，是对招标投标中相关事项的相关指标进行对比、分析、评价，以便发现其中有无问题或异常情况，为进一步审计提供线索的一种审计方法。在招标投标阶段采用此法主要是对工程标底或招标控制价、投标人的投标报价等工程造价文件中的重要比率进行分析，确定是否存在可能影响工程造价准确性的异常情况，以确定高校修缮工程重点审计领域。招标投标阶段可采用分析性复核的主要内容如下：

1)项目招标投标情况是否符合国家法律及学校内部规定。

2)工程施工合同、补充合同的签订是否符合规定。

3)相关造价文件的编制单位、编制人是否有相应资质，是否已签章。

4)单方造价与同类工程平均单价是否存在重大差异。

5)主要材料、设备用量与定额含量或设计含量是否存在较大差异等。

3.2.3.4　文字描述法

文字描述法是指完全用文字说明的形式来调查、记录审计对象具体情况的方法。这种方法的特点是完全用书面文字的形式记录，即一边调查询问一边逐笔记录，而后再用简明扼要的文字在书面上综合说明。文字描述法的优点是简便、灵活，可以进行全面系统的描述。缺点是费时费力，尤其在处理比较复杂的业务时，记述冗长而不清楚。如果审计人员的书面语言能力不强，则容易发生曲解。

3.2.3.5　现场核查法

现场核查法也是审计实践中较为常用的一种审计方法，是指通过对审计对象的现场采用观察手段来核实资料记录的真实性和准确性的方法，在招标投标审计中可用于对修缮工程项目工程量的核查。

各种审计方法各具特点，也各有优缺点。在招标投标审计实践中，审计人员对审计方法的具体使用是没有规定的，应结合工程实际情况，使用其中的一种或数种方法联合使用，扬长避短、互为补充。除采用上述传统方法外，审计人员还要充分利用现代信息技术对招标投标进行审计，如采用网上查询法与调查询问法相结合，通过互联网建立材料等的价格数据库备用；对招标中可能出现的索贿、吃回扣行为则采用询问法、现场核查法相结合，注意查找招标投标中的舞弊、违法线索，与学校纪检监察部门联动，对招标中违法中标者进行依法查处。

3.3　设备和材料采购审计

设备和材料采购是修缮工程项目实施中的重要工作之一，采购质量的好坏、采购价格的高低，直接关系到修缮工程质量与投资效益。由于修缮工程建设中设备和材料产品多种多样、技术上专业性较强、价格层次极其丰富，因此设备和材料的招标采购工作与修缮工程项目的施工招标相比，又有其自身的特点。

设备和材料采购审计是指对修缮工程建设过程中设备和材料采购各环节管理工作的质量及绩效进行的审查和评价。设备和材料采购审计的目标主要包括：审查和评价采购环节的内部控制及风险管理的适当性、合法性和有效性，采购资料依据的充分性和可靠性，采购环节各项经营管理活动的真实性、合法性和有效性等。

3.3.1　设备和材料采购

我国法律规定工程建设项目符合《必须招标的工程项目规定》（国家发展改革委 2018 年第 16 号令）规定范围和标准的，须通过招标选择货物供应单位,这里所称货物是指与工程建设项目有关的重要设备、材料等。

3.3.1.1　设备和材料采购的方式

为做好设备和材料采购工作,采购人员应根据采购物资的特征,选择最合适、最经济的采购方式。

1)公开招标。对于设备和材料采购,公开招标可在尽量大的范围内征集设备和材料采购的供应商,能引起最大范围内的竞争,使采购者以合理的价格获得所需的设备与材料。《中华人民共和国政府采购法》规定:“公开招标应作为政府采购的主要采购方式。”公开招标的组织方式严密,涉及环节众多,所需工作时间较长,成本较高。因此,一些紧急需要或价值较小的设备、材料不适宜采用这种方式。

2)邀请招标。设备和材料采购采用邀请招标方式时,招标人应当向三家及以上具备供货能力的单位直接发出投标邀请书,邀请其参加投标。一般设备和材料采购采用邀请招标是有条件的,主要条件如下:

(1)具有特殊性,只能从有限范围的供应商处采购的。

(2)采用公开招标方式的费用占采购项目总价值的比例过大的。

对于设备和材料的采购招标,招标人一般不要求投标人提供样品,仅凭书面方式不能准确描述采购需求或者需要对样品进行主观判断以确认是否满足采购需求等特殊情况除外。要求投标人提供样品的,需要在招标文件中明确规定样品制作的标准和要求、是否需要随样品提交相关检测报告、样品的评审方法以及评审标准。需要随样品提交检测报告的,还应当规定对检测机构的要求、检测内容等。

招标采购活动结束后,对于未中标人提供的样品,应当及时退还或者经未中标人同意后自行处理;对于中标人提供的样品,应当按照招标文件的规定进行保管、封存,并作为履约验收的参考。

3)其他方式。主要有以下几种:

(1)竞争性谈判,指采购人直接邀请三家及以上供应商就采购事宜进行谈判。竞争性谈判的采购方式适用于下列情况下的货物采购:招标后没有供应商投标、没有合格标的或者重新招标未能成立的;技术复杂或性质特殊,不能确定详细规格或者具体要求的;采用招标方式所需时间不能满足用户紧急需要的;不能事先计算出价格总额的。

(2)询价,一般指向几家供应商就采购货物询问价格,在对各供应商的报价进行比较后，选择其中一家与之签订供货合同。以询价方式选择设备、材料供应商的采购方法一般适用于所采购货物的规格标准统一、现货货源充足且价格变化幅度小的采购项目。

(3)直接采购，也称单一来源采购，即采购部门向一家供应商直接订货采购。这种采购方式是没有竞争性的，因此采用这种方式必须具有一定的条件：首先是只能从唯一供应商处采购的，指因货物使用不可替代的专利、专有技术，或者公共服务项目具有特殊要求，导致只能从某一特定供应商处采购；其次是发生了不可预见的紧急情况不能从其他供应商处采购的，这种“不可预见的紧急情况”应当是采购人不可预见的或者非因采购人拖延导致的；最后是为了保证原有采购项目一致性或者服务配套的要求，需要继续从原供应商处添购的，添购资金总额不超过原合同采购金额的10%。

政府采购工程依法不进行招标的，应当依照《中华人民共和国政府采购法》和《中华人民共和国政府采购法实施条例》规定的竞争性谈判、单一来源采购或是询价方式采购。

3.3.1.2 设备和材料采购的评标

设备和材料采购的评标原则应是以最合理价格采购为原则，即评标时不仅要看其报价的高低，还要考虑货物运抵现场过程中可能需要支付的费用，考虑设备在项目生命周期内运营期间的运营、维修和管理的费用。设备和材料采购招标和工程施工招标的评标方法是有所不同的，其复杂的采购种类和采购内容决定了货物类采购项目的评标办法不可能有固定的模式，需根据采购项目的独特性而不断变化。

实践中工程设备和材料采购评标方法名称虽然不尽相同，但实质上都可归属于《政府采购货物和服务招标投标管理办法》《工程建设项目货物招标投标办法》等法规中规定的最低评标价法和综合评分法这两类。

1)最低评标价法。最低评标价法是指选择投标文件满足招标文件全部实质性要求，且投标报价最低的供应商为中标候选人的评标方法。技术、服务等标准统一的货物和服务项目，应当采用最低评标价法。

《政府采购货物和服务招标投标管理办法》规定，采用最低评标价法的采购项目，提供相同品牌产品的不同投标人参加同一合同项下投标的，以其中通过资格审查、符合性审查且报价最低的参加评标；报价相同的，由采购人或者采购人委托评标委员会按照招标文件规定的方式确定一个参加评标的投标人,招标文件未规定的采取随机抽取方式确定,其他投标无效。

2)综合评分法。综合评分法是指选择投标文件满足招标文件全部实质性要求,且按照评审因素的量化指标评审得分最高的供应商为中标候选人的评标方法。采用综合评分法的,评审标准中的分值设置应当与评审因素的量化指标相对应。

《政府采购货物和服务招标投标管理办法》规定,使用综合评分法的采购项目,提供相同品牌产品且通过资格审查、符合性审查的不同投标人参加同一合同项下投标的,按一家投标人计算,评审后得分最高的同品牌投标人获得中标人推荐资格;评审得分相同的,由采购人或者采购人委托评标委员会按照招标文件规定的方式确定一个投标人获得中标人推荐资格,招标文件未规定的采取随机抽取方式确定,其他同品牌投标人不作为中标候选人。

非单一产品采购项目,采购人应当根据采购项目技术构成、产品价格比重等合理确定核心产品,并在招标文件中载明。招标文件中没有规定的评标标准不得作为评审的依据。

不同的评标方法有不同的特点,也各有其不同的适用情况,同一招标项目,若采用不同的评标标准、评标方法,往往会得出不同的评标结论。因此,采购人员在编制招标文件时,应根据所需采购货物的特征性能要求选择适合的评标方法,在招标文件中载明,从而取得良好的招标采购效果。而审计时则应审查所采用的评标标准与方法的合理性和科学性。

3.3.2　设备和材料采购审计的时间和依据

3.3.2.1　设备和材料采购审计的时间

修缮工程项目货物采购的内部审计介入时间一般较早,是全过程、全方位的审计。全过程审计是指对从计划、审批、询价、招标、签约、验收、核算到付款和领用等所有环节的监督。审计的重点是对计划制订、合同签订、质量验收和结账付款四个关键控制点的审计监督,以防止舞弊行为。全方位审计是指内控审计、财务审计、制度考核三管齐下,把审计监督贯穿于采购活动的全过程,是确保采购规范、控制质量风险的第二道防线。这种科学规范的采购机制不仅可以降低物资采购价格,提高物资采购质量,还可以保护采购人员,避免外部矛盾。

当前,设备和材料采购的外部审计、事后审计占比依然很大,但也有相当多的修缮工程依据相关规定，通过公开招标方式聘用中介机构参与工程跟踪审计，从而增强跟踪审计的功能。

3.3.2.2　设备和材料采购审计的依据

在进行设备和材料采购审计时应依据以下主要资料：

1)采购计划。

2)采购计划批准书。

3)采购招标投标文件。

4)中标通知书。

5)专项合同。

6)采购、收发和保管等环节的内控制度。

7)相关会计凭证和会计账簿等。

3.3.3　设备和材料采购审计的内容

设备和材料采购审计工作应贯穿货物采购过程中的各个环节，是包括采购计划、采购方式、采购过程、采购合同、采购验收管理等环节的全过程审计。

3.3.3.1　采购计划审计

采购计划环节是具体实施设备和材料采购活动的起点。对设备和材料采购实行计划管理，有助于确保学校在需要的情况下落实采购资金，保障整个采购活动的有序进行，提高设备采购工作的效率和采购资金的使用效益。对设备和材料采购计划审计的重点是审查设备和材料采购计划的合理合规性，主要应检查学校各职能部门的采购批准权与采购权等不相容职务是否分离及相关内部控制是否健全、有效；检查是不是根据已报经批准的设计文件和修缮计划编制了采购计划，是否存在无计划采购、盲目采购的现象；检查采购计划所订购的各种设备、材料是否合理、科学，是否符合修缮工程项目总进度计划；检查大宗物资材料的采购、大型设备的购置是否进行了风险安全评估，是否有有效的风险防范措施，是否按照有关规定的程序实施；检查采购计划是否按照规定程序进行了审批，审批手续是否完备、资料是否齐全。

在对采购设备和材料采购计划进行审计时，还应检查采购计划的执行情况，如采购部门是否严格按采购计划要求的品种、数量、质量、时间等完成采购任务；检查采购计划在实施过程中有无变更，变更是否严格按规定的程序进行等。

3.3.3.2　采购方式审计

设备和材料的招标采购可以通过事先公布采购条件和要求，使众多的投标人按照同等条件进行竞争，招标人从中选出性价比最高的货物。另外，因招标具有较高的透明度，能有效地防止采购领域的腐败现象，因此应提倡招标采购，尤其鼓励采用公开招标。但采购方式的选择也需要遵循实事求是、具体情况具体分析的原则，如对于工期比较紧张、价格难以确定、编制的采购文件存在需要进一步明确而又暂时无法明确的情况，采用竞争性谈判的方式进行采购就更为合适，在谈判的过程中采购方可以进一步明确并完善其具体要求，方便采购到性价比最高的产品。总之，采购部门应本着经济、合理、高效的采购思想，选择最适当的采购方式；而审计人员则应依据学校内部材料、设备采购制度，审计采购部门选择的采购方式是否最为合理、经济。

对采购方式的审计，应审查所采购货物是否属于单位或国家规定应该招标的项目，是否属于应公开招标的项目；审查属于必须招标范围外的货物的采购方式的选择是否经济；审查公开招标、邀请招标、竞争性谈判采购或直接采购等方式的选择是否经济、高效；审查所拟定的采购地点是否合理，采购程序是否规范。

采用公开招标方式的，审查对外发布的招标信息是否全面、准确，发布范围是否具有广泛性。采用邀请招标的，审查是否邀请至少三个投标人参加。采用竞争性谈判采购的，审查所采购的物资是否确实没有供应商投标、没有合格投标者；或有无因技术复杂或性质特殊不能详细确定规格或具体要求，采用招标所需时间不能满足紧急需要、不能预先计算出价格等情况存在；参加的供货商是否在两家以上。直接采购的适用条件比较特殊，这是一种不具备竞争性的采购方式，但即使如此，也需审查采购部门是否按照物有所值原则与供应商进行了协商，是否本着互利原则，合理地确定价格，以防止出现产品质量低劣与价格欺诈的法律风险。

3.3.3.3　采购过程审计

无论采用什么采购方法，采购工作过程一定要细致、严格地按照采购规定和程序办事，避免出现“人为因素”等影响采购工作公平、公正的行为，对材料、设备采购过程的审计主要审计采购环节各项经营管理活动的真实性、合法性和有效性等。

对于修缮工程货物采购中运用较多的招标采购来说，则应根据所招标货物的不同特点，对招标采购程序的合法性、合规性以及内容有所侧重。主要应审计以下内容：

1）对招标准备工作的审计。对招标准备工作的审计，应审查招标项目的审批手续是否齐全有效、采购资金是否已落实；审查招标所采用的形式是公开招标还是邀请招标；审查招标采购材料的品种、规格及各种技术要求是否按设计要求进行；审查招标采购依据资料的充分性与可靠性。

2）对招标文件的审计。货物招标采购文件应包括招标人对所要招标采购的材料、设备的技术要求，投标人资格要求，以及报价、评标标准等所有实质性要求和条件的文字说明，它是评标及签订合同的依据。招标采购文件的编写应实事求是，内容应充分、完整、翔实，招标采购文件中的各项技术标准应当符合国家强制性标准，不应设立不合理的条件或者条款（如有倾向性或歧视性的要求，或标明特定的供应商或者产品，以及含有排斥潜在供应商的其他内容）。招标文件的质量对招标投标的成功与否起着决定性作用，审计人员需重点关注。审计的内容包括：招标文件是否完整、合规；是否包括对招标项目的技术要求，对投标人的资格审查标准，投标报价要求和评标标准、办法等所有实质性要求及拟签订合同的主要条款；技术要求是否准确、是否满足需要；对投标人的资格要求是否清楚，是否含有限制或排斥潜在投标人的内容；确定的评标标准和方法是否公平、可行、先进、合理等。对于招标文件中不合规的内容，审计人员应及时予以纠正，避免因招标文件不规范而导致招标工作被动或是采购人与投标人发生纠纷等问题。

3）对开标、评标、定标的审计，包括以下几种：

（1）开标审计。重点对投标人的资质进行符合性审查，审查投标人是否具备投标资格，招标人是否在规定时间停止接收投标文件；审查招标人是否当众检查投标文件的密封情况，检查标书的完好性、有效性，标书的填写格式，标书的递交时间；审查开标程序的规范性，是否按程序公开唱标；审查招标的内部控制情况，是否做到不相容职务相分离，评标委员会的组建是否规范，评标委员会必须由招标人在评标前在招标专家评委库中采取随机抽签的方式临时组建，防止贿赂评委、操纵评标等行为出现；对选聘的评委要进行资格审核，看其是否具有良好的职业道德及相关业务素质。

(2)评标审计，主要审查评标过程是否公平、公正，评标委员会是否严格按招标文件确定的评标标准和方法评标。评标应当依据招标文件的规定以及招标文件所提供的内容评议，不得临时采取招标文件以外的标准和方式进行评标。评标时，招标单位不得任意修改招标文件的内容或提出其他附加条件作为中标条件。审计人员应重点审查各投标人特别是中标人提供的设备技术规格、型号、参数、性能是否符合招标文件的要求，一般是不会有大的出入的，但是一旦发现不同，审计人员就必须进一步审核差距产生的原因。审计应坚持公开、公平、公正的原则，确保在评标过程中平等、公正地对待所有投标人。

(3)定标审计，主要是对经评审小组按照规定程序和评标标准与评标方法，研究确定的中标人与招标人在履行合同订立之前的手续办理过程的审查。定标审计主要审查定标程序、方法的合规性，货物招标采购价格是否合法、合理。招标采购价格中存在的最大风险是参与投标的各个供应商串通一气，联手推高投标报价。内部审计人员应当复验中标价格，审查采购中标价的合理性和公允性，根据市场行情对标的进行合理的价位判断。

3.3.3.4　采购验收管理审计

材料、设备验收是货物采购中的一个关键环节，审计人员应当从以下方面来重点关注、识别和评估物资采购验收和付款中的重大风险因素。

1)对设备和材料验收、入库、保管及维护制度的审计。审核物资材料验收程序是否合法、规范；检查购进设备和材料是否按合同签订的质量进行验收，是否有健全的验收、入库和保管制度；检查验收记录的真实性、完整性和有效性；检查验收合格的设备和材料是否全部入库，有无少收、漏收、错收以及涂改凭证等问题；检查设备和材料的存放、保管工作是否规范，安全保卫工作是否得力，保管措施是否有效。

2)对采购结算付款程序的审计。检查设备和材料的采购付款程序是否合法，货款的支付是否按照合同的有关条款执行，付款是否经过审查批准；采购物资材料的结算单据必须完整、规范，并经相关部门或人员办理签字手续；检查代理采购中代理费用的计算和提取方法是否合理；检查有无任意提高采购费用和开支标准的问题；财务部门在付款之前应当仔细查阅、验算原始单证，包括数量、单价、总金额计算的准确性，材料损耗计算的合理性，预付、应付款的准确性,检查会计核算资料是否真实可靠;检查采购成本计算是否准确、合理。

3)对设备和材料领用的审计。检查设备和材料领用的内部控制是否健全,领用手续是否完备;检查设备和材料的质量、数量、规格型号是否正确,有无擅自挪用、以次充好等问题。

3.3.4 设备和材料审计的方法

设备、材料采购审计主要采用审阅法、网上比价审计法、跟踪审计法、分析性复核法、现场观察法、实地清查法等方法。

3.3.4.1 审阅法

审阅法是指通过翻阅与原先交易相关的文件、档案来了解交易原貌,获得书证的方法。这是审计中使用最多的方法。审阅法主要需查看以下几方面内容:

1)资料的完整性,即查看办理该笔业务应该具备的文件是否齐备。

2)资料的协调性,即查看各项资料相互之间是否一致、是否有突兀感、能否相互印证。

3)资料的真实性,即查看重要文件是否真实,有无伪造、编造。

4)重要文件是否有法定效力。如担保贷款,要看抵押人是否为有效主体、抵押担保期是否有效。

3.3.4.2 网上比价审计法

设备、材料采购的网上比价审计法是指将同期的市场价格与待审计货物的价格在同等条件下进行比较、分析,判断其价格差异的合理性的方法。比价审计的核心是价格,基础是比价,比价审计的关键在于确定合理的公允价格,而确定公允价格的关键在于审计人员能否及时获取各种物资价格的实时行情,审计部门应根据本单位所采购货物的种类、数量、价格等情况,建立符合本单位特点的价格信息查询体系,通过建立计算机信息网络、加入因特网建立价格咨询系统、与价格信息中心联网等种种途径,获取相关价格信息,为采购部门提供一个符合市场规律的公允价格。

3.3.4.3 跟踪审计法

设备、材料采购的跟踪审计法是指学校内部审计机构组织对设备、材料采购过程的合法性、真实性、规范性进行审计监督的方法,其内容包括从采购计划、采购过程到验收、入库、保管及使用全过程实施的审计监督与服务，可及时发现和纠正货物采购中的问题，促进采购工作有序、有效地运行。

3.3.4.4　分析性复核法

分析性复核在整个审计过程中占有极为重要的地位。材料、设备采购的分析性复核法是指通过对材料、设备采购中各相关事项，如采购计划、采购文件、投标文件中的相关指标对比、分析、评价，发现其中有无问题或异常情况，为进一步审计提供线索。在此阶段，可采用分析性复核的主要内容有：采购计划是否符合修缮工程进度要求；采购合同的签订是否符合规定；采购价格是否合理；材料库存量的合理性等。

3.3.4.5　现场观察法

现场观察法是指通过在现场实地查看在交易中出现过的材料和设备的实物，来了解交易原貌、获得物证的方法。现场观察法首先应观察货物的存在性，即查看交易所涉及的货物实物是不是存在；其次要观察完整性，即查看交易所涉及的货物实物是否保持完好。

3.3.4.6　实地清查法

设备和材料的实地清查法是审计人员在货物存放现场逐一清点数量或用计量仪器确定其实存数，查明账上存数与实存数是否相符的一种专门方法。

第4章 高校修缮工程勘察设计阶段的审计

高校内部工程审计参与到修缮工程勘察设计阶段，有利于帮助比较和选择最佳方案，评价技术及相关流程。高校的内部审计部门应认真协助决策层采用公开招标投标的方式选择设计单位；收集整理勘察设计基础资料；按工程设计合同项目要求对设计单位的设计实施监督和管理；审核设计概算，根据投资限额提出限额设计，概算造价应为项目寿命期的动态管理价格，大型修缮项目可以采取设计合理造价较低的方案；加强修缮工程勘察设计阶段的造价管理和监控，能动地影响投资决策和设计工作，为全面控制工程造价、提高投资效益奠定基础。

高校内部工程设计阶段的审计有利于控制工程造价。修缮工程项目的投资除了受项目规模、政策、建设标准等因素的影响外，很大程度上还受工程预算编制准确性的影响。勘察设计阶段的审计能有效地制止高估冒算现象的发生，预防归口单位片面追求规模或者施工单位片面追求利润造成的增加预算造价、高估工程造价，有效地控制造价并预防因预算人员计算错误引发的投资风险。

高校内部工程审计参与到修缮工程设计阶段，为高校固定资产投资管理奠定基础。加强修缮工程管理，提高投资效益，关键在于建立和完善建设工程概算、预算制度。同财务审计一样，修缮工程审计的关键也在于对预算的控制，它是确定和控制投资项目投资额、编制投资计划、考核设计方案和建设成本、进行施工准备的重要依据。

本章将围绕高校修缮工程勘察设计审计的相关原则、内容、程序等进行阐述分析。

4.1　高校修缮工程项目勘察设计概述

在高校修缮工程通常存在施工周期紧张的问题，所以要尽早规划，留出足够的设计时间。特别是对老旧校区开展的修缮工程，在原始图纸缺失的情况下，让设计师有足够的时间勘察现场，可以防止因设计的缺失而对后期工程变更产生影响，从而增加造价。所以要重视修缮工程勘察设计。

高校修缮工程勘察设计中，建筑与装饰材料的选用及施工工艺的确定都存在着技术经济分析问题，设计方案的确定将直接影响工程造价。同时，修缮工程勘察设计的质量对工程造价与投资会产生许多间接影响。例如：功能设置不合理，会影响建筑物今后的正常使用，利用效率低，甚至竣工使用不久便要进行再改造；土建、安装、装饰与消防等专业设计之间易出现矛盾，造成施工返工、停工现象，影响施工进度与质量。另外，修缮工程勘察设计还将长期影响今后使用阶段的经常性维护费用的投入。因此，一项优秀的勘察设计，可避免项目出现“后遗症”，降低大量的隐性支出。修缮工程勘察设计严重制约着固定资产投资效益，包括建设期投资效益和使用的经济效益。在建设资金总额确定的情况下，为让有限资金取得最大效益，必须对设计方案进行评价。设计方案评价的基本原则如下：一是技术上的先进性，技术先进性的评价标准包括设计工程功能、结构的先进性，材料与结构选用的合理性等指标；二是经济上的合理性，经济合理性评价的前提条件就是工程预算编制准确，在评价中有效运用价值工程理论，评价和权衡最优方案，搞好预算编制和审计，对设计方案优选起到极为重要的作用。

4.1.1　高校修缮工程项目勘察设计的内涵

4.1.1.1　高校修缮工程勘察设计的概念

高校修缮工程勘察设计是指根据高校对科研办公的需求，查明、分析、评价现有需改造的科研办公条件，编制修缮工程勘察设计文件的活动。

4.1.1.2　高校修缮工程勘察设计的功能

高校修缮工程勘察设计的目的是为修缮工程项目施工提供科学、可靠的基础资料。为此，需对修缮工程项目所需的技术、经济、环境条件进行综合分析、论证，确保工作勘察设计的深度和质量符合有关技术标准，并编制修缮工程设计文件。高校修缮工程勘察设计对工程质量、进度、投资规模、效益的实现等均起决定性的作用，对修缮工程完成后的使用效果将产生直接的影响。

4.1.1.3 勘察设计单位的作用

勘察设计单位对其承担的工程勘察设计的质量负责。勘察设计文件须符合有关法律、行政法规的规定，符合建筑工程质量、安全标准和建筑工程勘察、设计技术规范，符合合同的约定。

勘察单位应按国家技术规范、标准、规程和发包人提供的委托书、技术要求进行工程勘察，详勘应符合施工图设计需求，并按合同规定的时间提交质量合格的勘察成果资料。

设计单位应按国家技术规范、标准、规程及发包人提出的设计要求进行工程设计，施工图设计应与经批准的初步设计内容范围相符，按合同规定的内容、时间及份数向发包人交付设计文件，并对提交的设计文件的质量负责。

勘察设计单位提交成果后应参加拆除后的施工面验收，当发现实际情况与勘察成果不符时应补充施工踏勘。

4.1.1.4 勘察设计监理的选择

在高校修缮工程中，必要时可增加勘察设计监理，以确保工程的质量和进度符合预期。根据工程程序化管理的要求，高校修缮工程归口管理部门采用商务谈判直接委托或招标两种方式选择设计监理单位。设计监理制度的实施体现在设计监理服务合同条款的制定和具体实施上。设计监理服务合同条款要体现出合同化管理的精神，实现过程监理和阶段性咨询的有机结合，包括加强现场设计监理制度的落实，建立设计工作例会制，设计进度和质量月报制度，建立行之有效的杜绝设计质量通病的监理机制，建立设计工作重点内容监理制度，确保设计文件的准确性和合理性。

4.1.2 高校修缮工程项目勘察设计的阶段划分

高校修缮工程项目勘察设计根据工作进度和深度的不同，一般分现场踏勘、方案设计（初步设计）、施工图设计三个阶段。三个阶段的成果包括踏勘测量数据资料、设计说明、技术文件（图样）和经济文件（预算）。其目的在于通过不同设计阶段实现对设计深度的控制以保证设计质量。

1）现场踏勘阶段。对于修缮工程而言，踏勘现场尤为重要，因为修缮工程所涉及的内容大多是老旧改造、装饰、装修、加固等,原始资料缺失情况比较严重,这就需要设计人员了解现场情况,进行现场实地勘察测量,得到准确的第一手资料,为下一步的设计奠定基础。

2)方案设计阶段。这里的方案设计主要是指对修缮工程项目整体勘察完毕后,对项目加固、改造、维修等提出工艺要求,并进行方案对比。当方案设计深度满足不了指导施工图设计、编制施工招标文件、主要设备材料订货的需要或政府有关部门的审批要求时,应通过扩充设计使设计具体化,解决遗留的复杂疑难问题。

3)施工图设计阶段。这是在方案设计的基础上进行的详细、具体的设计,为工程和设备各构成部分的尺寸、布置和主要施工方法等绘制出完整的建造和安装详图,并配以必要的详细文字说明。

4.1.3 修缮工程项目勘察设计的原则

4.1.3.1 修缮工程现场踏勘的一般原则

修缮工程现场踏勘是为了还原原工程的状态,确保得到的数据和资料应满足方案设计和初步设计的资料需求。

4.1.3.2 修缮工程项目方案设计的一般原则

修缮工程项目的方案设计应符合国家有关工程建设的方针政策,符合现行建筑设计标准规范。要在符合校园规划、消防、节能、环保的前提下,按照设计任务书的要求,综合考虑设计方案的经济、技术、功能等方面,就其能否发挥修缮工程项目的社会效益、经济效益和环境效益进行比选、评价。这就需要方案设计满足一定的深度。对方案设计的深度要求是:满足开展初步设计的需要;满足主要大型设备、材料的预安排的需要;应提供工程设计概算,作为报批、确定项目投资的依据;应能据以准备主要设备及材料;应能据以进行施工图设计,并能据以进行施工准备。

4.1.3.3 修缮工程项目施工图、设计文件编制的一般原则

应能据以编制施工图预算,能据以安排材料、设备订货和非标准设备的制作,能据以进行施工和安装,能据以进行工程验收。

4.2 高校修缮工程项目勘察设计审计的内容和程序

从高校修缮工程项目管理的角度来讲,勘察设计阶段管理的核心任务

仍是对改善办学条件所进行的投资、进度、质量三大目标的控制，以保障高校修缮工程项目安全、可靠，提高其适用性和经济性。高校修缮工程项目勘察设计审计是工程审计的重要内容，对节约修缮资金、避免损失浪费都具有十分重要的意义。设计概算是衡量高校项目管理水平高低、投资效益大小的重要指标，因此，对修缮工程项目设计概算的审计也是修缮工程审计的重点。设计阶段的造价控制是整个修缮工程造价控制的决定性环节。设计质量的好坏不仅决定修缮工程项目的使用功能，而且还将从根本上影响项目的经济性。据统计，初步设计阶段影响项目投资的可能性为75％～95％，技术设计阶段为35％～75％，施工图设计阶段为5％～35％。对修缮工程而言勘察设计极为重要，因此，对修缮工程项目勘察设计阶段的有效控制是实现修缮工程项目管理目标的有力保障。据统计，在满足同样使用功能的条件下，技术可行、经济合理的设计甚至可降低10％～20％的工程造价。因此，高校归口管理部门必须加强对设计阶段的工作质量监管，为提高修缮工程质量和使用效果打下良好的基础。

4.2.1 高校修缮工程项目勘察设计审计的目标

高校修缮工程项目勘察设计审计是指对高校修缮工程项目建设过程中勘察、设计环节中的各项管理工作质量及绩效进行审查和评价。其目标是：

1）审计修缮工程项目勘察设计相关事项的真实性。审查修缮项目勘察设计招标投标、设计合同的签订是否真实，勘察设计文件的提供是否按期，勘察设计费用的支付是否真实。

2）审计修缮工程项目勘察设计相关事项的合法性。审查勘察设计业务的取得是否合法合规，是否存在违法转分包行为；审查勘察设计单位的资质、工商营业执照等是否满足国家规定的资质要求，项目勘察设计人员的资质是否满足要求，勘察设计文件的编制是否规范，概算工程量计算是否准确。

3）审计修缮工程项目勘察设计相关事项的效益性。审查勘察设计规模是否与设计任务书一致，是否存在夹带项目、超规模等问题；审查勘察设计深度能否满足技术、经济等各方面的要求。

4）审查和评价设计（勘察）环节的内部控制及风险管理的适当性、合法性和有效性。

5）审查和评价踏勘、设计资料依据的充分性和可靠性。

4.2.2　高校修缮工程项目勘察设计审计的依据

设计人员进行项目设计的依据有：

1)批准的可行性研究报告及有关文件，如批准的项目建议书、投资估算资料等。如果具备了这些文件性资料，并且报批手续齐全，则意味着修缮工程项目经过了前期决策，已经立项，只有经过立项批准的项目，才能进行勘察设计。

2)原设计图纸及原勘探资料。这为设计工作提供了基础资料。

3)经学校各职能部门及使用单位共同提出的功能需求及消防、智能化等要求。

4)国家制图标准及设计规范等有关资料。国家制图标准对制图过程提出了规范性的要求，保证了图样的标准性和通用性。设计规范是确定工程结构形式和尺寸的主要依据，通过这些规范可确定主体结构类型、主要材料的配置、工程的设计标准等相关内容。

对修缮工程项目设计依据的审计，主要涉及上述文件与资料，审计人员在行使审计职责时，一方面要注意这些资料的完整性、真实性，另一方面还要关注其准确性与可靠性。这些文件和资料将直接影响修缮项目设计方案的选择，影响设计质量。因此，对设计依据进行审计对设计工作质量影响较大。

4.2.3　高校修缮工程项目勘察设计审计所需的资料

4.2.3.1　勘察设计审计应依据的基本制度资料

1)与工程勘察设计审计相关的法律。主要包括《中华人民共和国审计法》《中华人民共和国建筑法》《中华人民共和国招标投标法》等。

2)与工程勘察设计审计相关的法规。主要包括《中华人民共和国审计法实施条例》《建设工程勘察设计管理条例》《建设工程质量管理条例》等。

3)与工程勘察设计审计相关的规章。主要包括《工程建设项目勘察设计招标投标办法》《建设工程勘察设计资质管理规定实施意见》《实施工程建设强制性标准监督规定》《建筑工程设计招标投标管理办法》《工程设计资质标准》《工程勘察资质标准》《基本建设设计工作管理暂行办法》等。

4)高校内部与工程勘察设计审计相关的制度文件，指由高校内部制定的与勘察设计有关的制度性文件，以及高校所在地根据国家及行业部门制定的地区性标准和规定等，如设计变更管理制度。

4.2.3.2　勘察设计审计应依据的技术资料

1)经批准的可行性研究报告及估算。

2)设计所需的技术方案、建设条件批准文件、设计界面划分文件、计价依据等基础资料。

3)勘察设计招标资料。

4)勘察设计合同。

5)初步设计审查及批准制度,初步设计审查会议纪要等相关文件。

6)组织管理部门与勘察设计单位的往来函件。

7)经批准的初步设计文件及概算。

8)概算审批制度。

9)施工图设计管理制度。

10)施工图交底和会议纪程。

11)经会审的施工图设计文件及施工图预算。

12)设计安全文件。

13)设计资料管理制度。

4.2.4　高校修缮工程项目勘察设计审计的程序

4.2.4.1　明确建设项目勘察设计审计目的,制定审计程序

修缮工程项目勘察设计审计的目的是确定勘察设计的合规性、可行性和合理性。修缮工程项目勘察设计的程序包括:收集与修缮工程项目勘察设计有关的资料,调查勘察设计过程和综合评价勘察设计总体情况。在审计过程中审计人员要准确把握修缮工程项目审计的目的,并根据审计总体计划和所了解的勘察设计情况确定修缮工程项目勘察设计的审计程序,对审计执行情况应做好记录,以便在今后的工作中进行查询。

4.2.4.2　资料准备

修缮工程项目审计人员应注意收集与勘察设计有关的各种资料,对收集的相关资料进行整理和分类,编制修缮工程项目勘察设计审计的资料清单。资料的整理和分类可根据资料来源进行划分。审计人员可要求相关单位提供以下与勘察设计相关的资料:

1)归口管理部门提供可行性研究报告、招标文件、投标文件、勘察设计合同、功能需求(设计任务书)等。

2)勘察设计单位提供勘察设计资质证书、工商营业执照、个人执业资格证书、勘察设计单位为职工缴纳社保基金的证明、转分包合同、勘察设计单位财务资料及设计内业资料等。

4.2.4.3 审计修缮工程项目执行程序

修缮工程项目执行程序的审计内容主要包括:审查项目的类型及建设项目勘察设计工作的承发包方式是否符合国家有关法律法规的规定;审查工程项目勘察单位资质是否符合修缮工程项目建设要求;审查项目设计单位资质是否符合项目建设要求;审查设计人员的执业资格是否符合项目建设要求。

4.2.4.4 审计修缮工程项目勘察设计执行过程

修缮工程项目勘察设计执行过程的审计内容包括:审查勘察和设计成果深度是否达到项目建设需要;审查勘察和设计成果技术是否先进;审计勘察和设计成果经济性是否符合项目建设要求。

4.2.5 修缮工程项目勘察设计管理审计的内容

4.2.5.1 行政性审查

1)审查勘察设计单位是否具备与被审查项目相应的资质等级和范围。根据学校发布的招标文件,参照国家关于勘察设计资质管理的有关规定,结合项目规模和投资,对比投标文件,参照国家关于勘察设计资质管理的有关规定,结合项目规模和投资,审查勘察设计单位资质、工商营业执照,分析勘察设计单位是否存在投标时提供虚假资质或资质不够的问题。

2)审查项目勘察设计人员资质。查阅学校招标文件中对勘察设计人员的资质要求和投标文件中勘察设计人员的承诺情况,审查勘察设计人员的资质是否满足要求;查阅内业资料人员签字情况,包括勘察设计单位为职工缴纳社保基金的证明,审查勘察设计人员是否为该单位备案人员;审查相关勘察设计人员是否按要求到位。

3)审查施工图设计文件的规范性。审查施工图设计文件是否按规定由具备执业资格的人员签字盖章,以及按规定所要求的其他签字、盖章手续是否齐全。

4)审查修缮工程项目手续的齐全性。审查修缮工程项目是否按规定履行了方案设计招标投标、初步设计等审批手续,各相关部门的审批资料,包括项目立项批件、修缮工程消防设计审核意见书和节能评价、安全评价、环境评价的批准文件等是否齐全。

5)合同审计。甲、乙双方所签订的勘察设计合同在价格、设计周期等方面是否符合国家规定,以及合同的履行是否正常等。

6)法律、法规、规章规定的其他审查内容。

4.2.5.2　一般技术性审查

1)建(构)筑物的稳定性、安全性审查,包括外墙保温和内部增加设施是否安全、可靠。

2)是否符合抗震、消防、节能、环保、防雷、卫生、人防等安全防范方面的国家有关强制性标准、规范和地方政府的有关规定。不能降低原工程安全等级要求。

3)法律、法规、规章规定的其他审查内容。

4.2.5.3　对勘察设计管理的审计

1)检查是否建立、健全委托勘察设计的内部控制,看其执行是否有效。

2)检查委托勘察设计的范围是否符合已报经批准的可行性研究报告。

3)检查是否选用招标投标方式来选择勘察设计单位及有关单位的资质是否合法合规;检查招标投标程序是否合法、公开,其结果是否真实、公正,有无因选择勘察设计单位失误而导致的委托风险。

4)检查组织管理部门是否及时组织技术交流,所提供的基础资料是否准确、及时。

5)检查勘察设计合同的内容是否合法、合规,其中是否明确规定了双方的权利与义务,是否有针对设计方的激励条款。

6)检查勘察设计合同的履行情况,索赔和反索赔是否符合合同的有关规定。

7)审查勘察设计单位分包情况。可以通过查阅勘察设计单位的财务资料,审查是否存在向协作单位支付勘察设计费的情况,若有向其他单位支付勘察设计费的情况,则查阅相关合同和发票,分析该单位是否为分包单位。也可以查阅设计单位内业资料,审查内业资料中的签字人员是否为该单位人员,分析该勘察设计工作是否被分包。如果确认勘察设计单位被分包,首先审查分包行为是否合规,是否经过学校相关部门同意,并审查分包单位资质和人员资质是否符合要求。

4.2.5.4　对勘察设计文件编制的审计

审计人员会要求相关单位提供以下与勘察设计文件编制相关的资料：勘察设计单位提供的勘察设计文件、勘察设计文件审查会议纪要、勘察设计修改文件等。

对勘察设计文件编制情况的审查主要从以下几个方面进行：

1)审查勘察设计文件审批情况。通过查阅勘察设计审批文件、勘察设计文件以及国家对于项目审批权限的管理制度，分析是否存在越权审批勘察设计文件的问题；同时对勘察设计文件的审查过程进行复核，审查勘察设计文件审查过程是否符合规定，审查会议中提出的问题是否得到整改。

2)审查勘察设计文件编制的合规性。查看勘察设计文件编制办法，对比审批后的勘察设计文件，分析勘察设计文件是否与规定体例一致，内容是否完备，描述是否准确，具体包括：

(1)审查设计规模是否与设计任务书一致。审核有无夹带项目、超规模等问题。

(2)设计深度审核。审核设计深度是否满足技术、经济等方面的要求。

(3)设计文件审核。审核设计文件所选择的工艺、设备是否先进、合理、经济，设计是否符合安全、适用、美观的原则等；通过复核性测试，查看荷载计算是否准确，设计的标准规范是否符合国家关于编制、审核的规定。

4.2.5.5　对初步设计(方案设计)的审计

1)检查是否建立健全初步设计审查和批准的内部控制，看其执行是否有效。

2)检查初步设计完成的时间及其对建设进度的影响。

3)检查是否及时对初步设计进行审查，并进行多种方案的比较和选择。

4)检查报经批准的初步设计方案和概算是否符合经批准的可行性研究报告及估算。

5)检查初步设计深度是否符合规定，有无因设计深度不足而造成投资失控的风险.

6)检查概算及修正概算的编制依据是否有效、内容是否完整、数据是否准确。

7)检查是否采取限额设计、方案优化等控制工程造价的措施，限额设计是否与类似工程进行比较和优化论证，是否采用价值工程等分析方法。

8)检查修正概算审批制度的执行是否有效。

9)检查初步设计文件是否规范、完整。

10)检查初步设计方案及概算的修改情况。

4.2.5.6　对修缮工程施工图设计的审计

1)检查是否建立健全施工图设计的内部控制,看其执行是否有效。

2)检查施工图设计完成的时间及其对建设进度的影响,有无因设计图延迟而导致的进度风险。

3)检查施工图设计深度是否符合规定,有无因设计深度不足而造成投资失控的风险。

4)检查施工图交底、施工图会审的情况以及施工图会审后的修改情况。

5)检查施工图设计的内容及施工图预算是否符合经批准的初步设计方案、概算及标准。

6)检查施工图预算的编制依据是否有效、内容是否完整、数据是否准确。

7)检查施工图设计文件是否规范、完整。

8)检查设计商提供的现场服务是否全面、及时,是否存在影响工程进度和质量的风险。

9)对设计有无漏项和深度的审查,包括核查设计范围确认有无漏项、设计深度确认、人防部分深度确认。

10)对设计过程中的管理的审查,包括开展专题例会、确定设计控制要点、中间检查、图纸校审。

11)工种协调审查、图纸会签检查等。

4.2.5.7　对设计阶段经济的审计

设计阶段的经济审计主要包括设计概算审计和设计费用审计。

1)设计概算审计。审计建设项目的设计概算,一般以其概算文件为主要对象,按照如下顺序进行审计:

(1)审计设计概算的编制条件。主要审计初步设计是否已经完成,修缮资金是否能够满足工程建设需要,是否具备一定的生产能力,修缮规模与修缮标准是否符合投资估算与投资计划的要求。

(2)审计设计概算的编制依据。首先,审计编制依据的合法性。修缮项目设计概算的编制依据必须经过国家和授权机关批准,未经批准的不能采用。其次,审计编制依据的时效性。编制修缮项目设计概算的大部分依据都应为国家或有关部门颁布的现行规定，注意编制概算的时间与其使用的文件资料的适时性。再次，审计设计概算编制依据的适用性。各种编制依据都有规定的适用范围，如各地区规定的定额及取费标准只适用于本地区的工程等。在编制设计概算时不得使用规定范围之外的依据资料。

(3)审计设计概算的内容。审计设计概算的内容时，应注意把握如下内容：

①建设项目总费用所对应的项目范围。修缮项目总费用对应的项目范围为修缮项目的全部，其构成费用即投资估算与设计概算中所要确定的全部费用。因此，修缮项目总费用的构成实质上也就是修缮项目投资估算与设计概算的计算范围。

②修缮工程费用具体范围的划定。

③设备购置费的范围划定。

2)设计费用审计。国家对各种专业工程的设计收费都有规定。审计人员在对这一部分内容进行审查时，应以国家文件规定的标准和有关文件资料、合同等为依据，结合实际审查设计单位合理收费情况。

(1)标准执行情况审计。审计设计单位是否执行了国家有关部门规定的设计收费标准，有无高套级别、高套类别的情况。我国目前的设计收费标准是按行业、由国务院主管部门统一制定的，各设计单位不得自行编制设计收费标准。

(2)设计完整性审计。审计设计的内容是否完整，图样页数是否齐全，如果设计单位只进行了修缮工程项目部分内容的设计，则应对规定的设计收费进行适当的扣减。

4.2.5.8　对设计变更管理的审计

1)检查是否建立健全设计变更的内部控制，有无针对因过失造成设计变更的责任追究制度以及该制度的执行是否有效。

2)检查是否采取提高工作效率、加强设计接口部位的管理与协调措施。

3)检查是否及时签发与审批设计变更通知单，是否存在影响工程进度的风险。

4)检查设计变更的内容是否符合经批准的初步设计方案。

5)检查设计变更对工程造价和建设进度的影响，是否存在工程量只增不减而提高工程造价的风险。

6)检查设计变更的文件是否规范、完整。

4.2.5.9　对设计资料管理的审计

1)审查是否建立健全设计资料的内部控制,看其执行是否有效。

2)审查施工图、竣工图和其他设计资料的归档是否规范、完整。

4.2.5.10　修缮工程项目设计工作的审计重点

1)审查修缮工程设计单位的资质、等级。

2)审查修缮工程设计合同,审计过程中重点对修缮工程设计单位是否遵循合同条款约定,是否按时按质完成合同约定的工作量,是否存在由设计单位责任导致交付延迟而影响工程进度的情况,设计单位的取费是否符合有关法律法规的要求,设计单位是否存在采用不正当方式取得设计任务的情况,设计费用支付是否符合相关财务规定和现金管理制度。

3)审计设计任务书。

4)审计初步设计。

4.2.5.11　对修缮工程项目勘察设计文件合理性和合规性的审查

对高校修缮工程勘察设计的审计包括对勘察设计文件合理性和合规性的审查。审计人员应了解修缮工程类型、修缮工程特点和学校对修缮工程勘察设计的特定要求,了解国家关于建设工程勘察设计方面的规定,了解修缮工程勘察设计文件编制的要求,了解设计任务书内容和勘察设计合同相关条款的约定。对工程项目勘察设计文件的审计工作主要包括:

1)审查初步设计与批准的可行性研究报告的一致性。可行性研究报告是初步设计的主要依据,在审查过程中主要关注初步设计是否按照可行性研究报告中确定的修缮项目的规模、标准、技术方案等进行,如果初步设计不符合主要指标,则可认定初步设计不合格。

2)审查初步设计的合规性。初步设计编制的程序和内容必须符合国家有关规定。

3)审查初步设计的合理性。初步设计作为设计过程的首要环节,对建设工程投资和项目的成功度会造成极大影响,需要对初步设计中的规划布局、环节保护和配套条件等进行重点审查,对发现的不合理支出应及时进行调整。

4.2.6　高校修缮工程项目勘察设计审计的方法

对工程项目勘察设计审计主要采用分析性复核法、复算法、文字描述法、现场核查法等方法。分析性复核法主要是通过对设计文件的分析复查，检查设计文件是否规范、完整，是否符合经批准的可行性研究报告的要求等；复算法主要是通过计算检查设计概算是否符合投资估算要求，施工图预算是否符合经批准的概算要求等；文字描述法主要是通过文字描述检查施工图设计文件是否规范、完整，勘察、设计资料依据的充分性和可靠性等；现场核查法主要是检查设计单位是否建立健全勘察设计的内部控制工作制度，以及各项管理活动的真实性、合法性和效益性。针对不同的对象，采用不同的方法，如表 4-1 所示。

表 4-1　勘察设计审计的内容及方法

审计对象	审计方法	审计内容	审计目的
设计内控制度	穿行测试法、现场核查法	制度体系	检查制度体系是否完善、制度是否可行
设计合同、工程进度	对比法	设计进度、设计深度	检查设计进度控制情况
设计图、设计成果	重点抽样法、复算法	可行性、经济性、严谨性	检查工程设计的经济性，是否可控制成本
	文字描述法、分析性复核法	设计文件内容、设计依据	检查设计内容是否规范、完整，依据是否充分、可靠
设计变更、洽商、现场签证	调查分析法	设计是否存在缺陷、漏洞	是否因设计问题导致成本增加
工程现场	现场观测法	设计图符合性	设计能否符合现场情况及进度

第5章　高校修缮工程合同审计

合同是平等主体的自然人、法人、其他组织之间设立、变更、中止民事权利义务关系的协议。各国的合同法规范的都是债权合同，它是市场经济条件下规范财产流转关系的基本依据，因此，合同是市场经济中广泛进行的法律行为。

根据我国基本建设程序，修缮工程建设要经过勘察、设计、采购和施工等过程，项目参与者众多。按照目前国内工程建设的法律法规、框架体系，修缮工程项目的参与方主要有业主、设计商、监理单位、承包商、招标代理单位、造价咨询单位、分包商以及材料设备供应商等，为他们提供专业服务的专业人士主要有咨询工程师、建筑师、结构工程师、监理工程师、造价工程师、建造师等。其中咨询工程师主要为业主或总承包商提供项目前期决策咨询服务；建筑师和结构工程师主要为设计商或业主、总承包商提供专业设计服务；监理工程师主要为监理单位或业主提供项目管理服务；造价工程师主要为造价咨询单位或业主、承包商、分包商、监理单位提供投资估算、投标报价、成本控制等服务；建造师主要为承包商、分包商或业主提供项目施工管理服务。各项目参与者主要通过修缮工程合同产生业务联系。

5.1　高校修缮工程合同审计概述

5.1.1　高校修缮工程合同的分类

在市场经济活动中，交易的形式千差万别，合同的种类也各不相同。根据性质的不同，修缮工程合同有以下几种分类方法。

5.1.1.1　按照各项目参与者在高校修缮工程项目建设过程中承担的角色划分

1)高校修缮工程承包合同。高校修缮工程承包合同简称修缮工程合同。修缮工程合同是确定修缮工程发包单位与承包单位双方之间权利与义务的关系,并具有法律效力的经济契约。合同内容主要包括:施工企业承包工程的范围;学校提供的各项施工准备工作;提交施工图纸等技术资料的时间;设备、材料供应合同的副本;工程进度和工程竣工的具体时间;工程造价、结算方式、工程质量要求;采用合理化建议节约的资金分配、设计变更手续、权限、竣工验收、完成合同的奖励和违反合同的处罚等规定。

2)委托咨询合同。委托咨询合同是指工程咨询单位受委托方的委托,就修缮工程建设特定的业务提供咨询服务而订立的合同。根据咨询业务性质的不同,修缮工程委托咨询合同包括项目管理合同、监理合同、招标代理合同和造价咨询合同等。

3)材料设备采购合同。由于修缮工程建设所需的设备、建筑材料的种类、规格、品种繁多,各种材料用量也参差不齐,因此,必须做好采购工作,特别是对用量大、价值高且对工程造价、工程质量影响较大的材料和设备,必须慎重选择供应商,须签订采购合同,以保证工程的顺利实施。

5.1.1.2　按照合同的标的内容划分

1)修缮工程勘察设计合同。修缮工程勘察设计合同是指委托方(高校)与承包方为完成一定的工程勘察设计任务而签订的明确相互之间权利和义务关系的协议。

2)修缮工程施工合同。修缮工程施工合同是指委托方(高校)与施工单位之间为完成修缮工程项目的施工任务而签订的明确相互之间权利和义务关系的协议。

3)修缮工程监理合同。修缮工程监理合同是指委托方(学校)与监理方为完成特定修缮工程项目的监理任务而签订的明确相互之间权利和义务关系的协议。

4)修缮工程物资采购合同。修缮工程物资采购合同是指采购方(高校、施工单位等)与供应单位之间为完成特定物资(建筑材料、建筑设备等)的供应任务而签订的明确相互之间权利和义务关系的协议。

5)工程招标代理合同。工程招标代理合同是指委托方(高校)与工程招标代理机构为完成特定工程的工程招标代理任务而签订的明确相互之间权利和义务关系的协议。

6)工程造价咨询合同。工程造价咨询合同是指委托方(高校或总包单位)与工程造价咨询单位为完成特定修缮工程的工程造价咨询任务而签订的明确相互之间权利和义务关系的协议。

5.1.1.3　按照合同的计价方式划分

1)总价合同。总价合同是指在高校修缮工程实施过程中,发包方(高校)付给承包方(施工单位等)的款额在合同中是一个规定的金额(即总价)的合同。总价合同有固定总价合同、调值总价合同、固定工程量总价合同和管理费总价合同四种不同形式。

2)单价合同。在单价合同中,承包方(施工单位等)仅按合同规定承担报价的风险,即对报价(主要是单价)的正确性和适宜性承担责任,而修缮工程发包方(高校)则承担工程量增减的风险。由于风险分配比较合理,因此单价合同是高校修缮工程建设中最常见的合同类型。修缮工程单价合同有估计工程量单价合同、纯单价合同、单价与包干混合式合同三种不同形式。

5.1.2　高校修缮工程合同的特征

5.1.2.1　合同主体的特定性

合同能够产生法律效力的前提是合同的主体和内容必须合法。合同主体合法包括合同当事人的资格以及工程建设从业人员要符合相关法律法规的规定。高校修缮工程的发包人一般为高校,即投资修缮工程的单位。修缮工程项目的承包人只能是具有从事勘察、设计、建筑、安装业务资格的法人,并且承包人是按照其拥有的注册资本、专业人员、技术设备和完成的建筑安装业绩等资质条件遴选产生的。合同当事人严格的市场准入要求也是工程审计监督的重点。

5.1.2.2　合同客体的特殊性

合同客体(即拟建的修缮工程项目)的特殊性体现在修缮工程合同是以完成改造特定不动产的修缮工程建设为主要内容的合同,而并非如买卖合同一样出卖人转移特定标的物的所有权。修缮工程建设就是以资金、材料、设备为条件,以科学技术为手段,通过脑力劳动和体力劳动,形成扩大再生产的能力,改进人民物质文化生活的建设工作。

5.1.2.3　合同主体之间的密切协作性

在修缮工程承包合同履行过程中，不仅要求承包人完成一定的工作，还要求双方当事人在完成该项工作的过程中密切协作，共同努力确保整个合同义务得以全面履行。这种协作是完成修缮工程项目建设任务所必需的，它不仅体现了合同当事人彼此应尽的义务，也体现了他们共同担负的责任。

5.1.2.4　合同监督管理的特定性

1)严格的市场准入制度。施工单位、勘察设计单位、监理单位、工程造价咨询单位和项目管理咨询单位等要由主管部门对其技术力量和工作能力进行审查，核定承包范围，发放资格证书，并由当地工商行政管理部门核准发放营业执照后，才有权限签订工程合同。同时，高校只有满足修缮工程建设条件，取得相应的批准手续后才有资格发包工程。

2)工程招标投标制度。《中华人民共和国招标投标法》规定了必须通过招标投标方式确定承包人的工程范围，发包承包合同正在成为修缮工程承包合同的基本形式。对于使用国有资金投资的项目，必须采用招标投标确定承包人。

3)加强建设全过程的监督管理。从工程招标投标到合同的签订，从工程材料设备的使用到施工操作，都需要进行全面的监督管理。

4)合同形式的要式性。由于修缮工程形成的产品体积比较大，结构复杂，涉及金额较高，《中华人民共和国民法典》规定，建设工程合同应当采用书面形式。

5.1.3　高校修缮工程合同管理审计

高校修缮工程合同管理审计是指高校内部审计机构对高校修缮工程项目建设过程中各工程合同内容及合同实施过程中各项管理工作质量进行的审查和评价。修缮工程合同监督管理的内容也是高校工程审计监督的重点。

5.1.3.1　高校修缮工程合同管理审计的目标

1)审查和评价修缮工程合同管理环节的内部控制状况。通过审计，可以考察高校内部合同管理水平，包括合同管理机构和人员的设置、合同管理制度的建立和落实情况等。

2)审查和评价修缮工程项目风险管理水平。由于高校修缮工程项目建设周期短,一般在假期内进行施工,投资较大,不可预见的因素多,因此修缮工程项目建设风险性较大。而在修缮工程建设过程中各项目参加者风险责任的承担主要通过合同来约定。通过审计,可以考察高校内部管理的适当性、合法性和有效性。

3)审查和评价合同资料是否完备、真实可靠。高校修缮工程合同涉及面广,合同内容繁多,通过审计,可以考察所签订的工程合同组成是否完整,合同条款是否完备,合同权利和义务是否公平。

4)审查和评价合同的签订和履行情况。考察修缮工程合同的签订、履行、变更和终止是否真实合法。

5.1.3.2　高校修缮工程合同管理审计的依据

1)合同当事人的资质资料,包括修缮工程归口部门与修缮工程建设相关的批准文件,承包单位的营业执照、资格证书等。

2)修缮工程合同形成过程涉及的各种资料,包括招标文件、投标文件、中标通知书、会议纪要、备忘录等。

3)修缮工程建设过程中涉及的各种工程合同,包括勘察设计合同、施工合同、委托监理合同、项目管理合同、招标代理合同、造价咨询合同等。

4)各种合同在履行过程中形成的变更和补充合同等。

5)高校及归口管理部门内部合同管理制度文件。

5.1.3.3　高校合同审计原则

1)权利义务与违约责任扣合原则。

2)SMART 规则(具体 specific、可衡量 measurable、可达到 attainable、相关性 relevant、有期限 time-based)。

3)风险原则。

4)微观原则。

5)底线思维。

5.1.3.4　高校修缮工程合同管理审计的方法

1)审阅法。审阅法是指对修缮工程合同文件,如合同签批手续、合同、合同附件、承包方法定代表人身份证明书和法定代表人授权委托书、合同补充协议、合同变更协议、合同解除协议、合同纠纷处理协议、法院判决书、仲裁书、会审记录、相关招标投标文件、约谈记录等进行仔细观察和阅读,对照资料记录,鉴别其真实性、正确性、合法性、合理性及有效性的方法。

2)核对法。核对法主要是对修缮工程合同的合法性、完备性和公正性进行审核。例如,检查工程合同当事人双方是否按照招标文件及中标人的投标文件的内容签订合同,是否存在实质性内容的变更,合同文件各部分内容是否有前后矛盾的现象,合同条款是否有与现行法律法规相冲突的情况,补偿合同、备忘录是否真实客观等。

3)重点追踪审计法。重点追踪审计法主要是对修缮工程合同的签订过程和履约过程进行跟踪审计,特别是对招标投标、工程变更、签证、索赔和争议的处理过程进行跟踪,鉴别其真实性、正确性、合法性、合理性及有效性。

5.2　高校修缮工程合同管理内控制度审计的内容和方法

修缮工程合同管理内控制度审计是指对高校及归口管理部门在修缮工程项目建设过程中工程合同管理制度的建立健全和执行情况进行的审查和评价。

合同的本质在于规范市场交易、节约交易费用。修缮工程合同确定了成本、进度、质量、安全和环境等项目总体目标,规定和明确了当事人各方的权利、义务和责任。因此合同管理是修缮工程项目管理的核心,合同管理贯穿于修缮工程实施的全过程,对整个修缮项目的实施起着控制和保证作用。

由于各高校涉及的工程合同众多,合同种类繁杂多样,加之工程合同周期长短不一,合同不确定因素多,这就需要高校具备较高的合同管理水平。通过对高校修缮工程合同管理内控制度审计,可以发现高校在修缮工程合同管理的制度和环节上存在的缺陷和漏洞,提高高校在工程领域的治理水平,及时、妥善地解决可能出现的与合同有关的问题,以维护高校的合法权益,提高项目的投资效益。

5.2.1　审查和评价高校合同管理组织机构设置和内控制度情况

合同管理是一项重要的经济管理工作,合同管理水平的高低对修缮项目的经济效益影响很大,因此,高校必须结合修缮工程项目的规模和特点以及自身的专业能力建立完善的合同管理组织机构,以维护高校和项目的经济利益和合法权益。合同管理组织机构评价主要考察高校归口管理部门人员的配备和工作职责的划分等。

5.2.1.1 审查和评价高校合同管理人员的配备情况

做好合同管理工作,人是关键因素。合同管理作为一种复合型和智力性的工作,需要有高度专业化及拥有丰富知识和经验的专门人才。对合同管理人员的评价主要体现在以下三个方面:

1)知识。合同管理人员应具备的知识包括法律专业知识、工程技术知识、项目管理知识、工程经济知识以及财务管理知识等。

2)素质。合同管理人员应注重社会公德,保证社会利益,严守法律和规章,有较好的职业道德、敬业精神、创新精神和务实的态度,勇于承担责任和风险,为人诚实正直、恪守信用、言行一致、实事求是,能承担艰苦的工作,任劳任怨、忠于职守。

3)能力。合同管理人员应具有长期的工程合同管理工作经历和经验,特别要有同类项目的成功经历,对项目工作有成熟的判断能力、思维能力、随机应变能力;具有很强的沟通能力、激励能力和处理人事关系的能力;有较强的组织管理能力和协调能力;思维敏捷,有洞察力,有较强的语言表达能力和说服能力;具有系统思维和决策能力。

5.2.1.2 审查和评价高校合同管理制度的建立和执行情况

要做好修缮工程合同管理工作,必须建立健全一套行之有效、严格的规章制度和可操作的作业制度。具体而言就是:高校或修缮项目归口管理部门应设立专门的合同管理机构,统一保存和管理合同;配备专门的专业人员具体负责合同管理工作;强化合同管理过程中高校或修缮项目内外部的分工、协调与合作,逐步建立和完善合同管理体系和制度。合同管理制度主要包括以下方面:

1)合同会签制度。由于修缮工程合同涉及项目相关部门的工作,为了保证合同签订后得以全面履行,在合同正式签订之前,由办理合同的业务部门会同其他部门共同研究,对合同条款提出具体意见,进行会签。实行合同会签制度,有利于调动各职能部门的积极性,发挥各部门管理职能作用,群策群力,集思广益,以保证合同的可行性,并促进各部门之间的相互衔接和协调,确保合同全面、切实地履行。

2)合同审查制度。为了保证签订的合同合法、有效,必须在签订前履行审查、批准手续。合同审查是指将准备签订的合同在部门会签后,交给主管合同的机构或法律顾问进行审查;合同批准是指由单位主管或法定代表人签署意见，同意对外正式签订合同。通过严格的审查和批准手续，可以使合同的签订建立在可靠的基础上，尽量防止发生合同纠纷，维护学校的合法利益。

3）合同印章管理制度。合同专用章是代表学校在经营活动中对外行使权利、承担义务、签订合同的凭证。因此，对合同专用章的登记、保管、使用等都要有严格的规定。合同专用章应由合同管理员保管、签印，并实行专章专用。合同专用章只能在规定的业务范围内使用，不得超越范围使用；不得为空白合同文本加盖合同印章；不得为未经审查批准的合同文本加盖合同印章；严禁与合同洽谈人员勾结，利用合同专用章谋取个人利益。若出现上述情况，则要追究合同专用章管理人员的责任。凡外出签订合同时，应由合同专用章管理人员携章，陪同负责办理签约的人员一起前往签约。

4）合同信息管理制度。由于修缮工程合同在签订和履行中往来的函件和资料非常多，故合同管理系统性强，必须实行档案化、信息化管理。首先，应建立文档编码及检索系统，每一份合同、往来函件、会议纪要和图样变更等文件均应进入计算机系统，并确立特定的文档编码，根据计算机设置的检索系统进行保存和调阅。其次，应建立文档的收集、处理制度以及行文、传送和确认制度，由专人及时收集、整理、归档各种工程信息，严格执行信息资料的查阅、登记、管理和保密制度；修缮工程全部竣工后，应将全部合同及文件，包括完整的工程竣工资料、竣工图、竣工验收、工程结算和决算等，按照《中华人民共和国档案法》及有关规定，建档保管。再次，应建立行文制度、传送制度和确认制度，合同管理机构应制定标准化的行文格式，对外统一使用，相关文件和信息经过合同管理机构准许后才能对外传送。经由信息化传送方式传达的资料需由收到方以书面方式或同样信息化的方式加以确认，确认结果由合同管理机构统一保管。

5）合同检查和奖惩制度。应建立合同签订、履行的监督检查制度，通过检查及时发现合同履行管理中的薄弱环节和矛盾，以便提出改进意见，促进各部门的协调配合，提高合同管理水平。实行奖惩制度有利于增强各部门和有关人员履行合同的责任心，是保证全面履行合同的有力措施。

6）合同统计考核制度。合同统计考核制度是学校整个统计报表制度的重要组成部分。合同统计考核制度通过运用科学方法，利用统计数字，反馈合同订立和履行情况，通过对统计数字的分析，总结经验、找出教训，为高校决策提供重要依据。合同统计考核制度包括统计范围、计算方法、报表格式、填报规定、报送期限和部门等要素。

7)合同管理目标制度。合同管理目标是各项合同管理活动应达到的预期结果和最终目的,通过自身在合同订立和履行过程中进行的计划、组织、指挥、监督和协调等工作,促使各部门、各环节互相衔接、密切配合,进而使人、财、物、信息等要素得到合理组织和充分利用,保证高校管理活动的顺利进行,提高高校工程管理水平和项目的投资效益。

8)合同管理质量责任制度。合同管理质量责任制度是合同管理的一项基本管理制度,它具体规定具有合同管理任务的部门和合同管理人员的工作范围、履行合同中应负的责任以及拥有的职权。这一制度有利于高校内部合同管理工作的分工协作、责任明确、任务落实、逐级负责、人人负责,从而调动学校合同管理人员以及合同履行中涉及的有关人员的积极性,促进合同管理工作正常开展,保证合同圆满完成。

合同管理制度是高校合同管理活动及其运行过程的行为规范,合同管理制度是否健全是合同管理的关键所在。合同管理制度的审查和评价主要从以下几个方面进行:

1)合法性,指合同管理制度应符合国家有关法律法规的规定。

2)规范性,指合同管理制度具有规范合同行为的作用,对合同管理行为进行评价、指导和预测,对合法行为进行保护奖励,对违法行为进行预防、警示或制裁等。

3)实用性,指合同管理制度能适应合同管理的需求,便于操作和实施,所以也称作可执行性。

4)系统性,指各类合同的管理制度互相协调、互相制约,形成一个有机系统,在修缮工程合同管理中能发挥整体效应。

5)科学性,指合同管理制度能够正确反映合同管理的客观规律,能保证利用客观规律进行有效的合同管理。

5.2.2 审查和评价高校合同风险管理情况

由于高校涉及的修缮工程合同众多,合同种类繁杂多样,加之修缮工程周期紧,一般安排在寒暑假期间,合同的不确定因素和风险点较多,因此,加强修缮工程合同的风险管理对降低工程项目投资、提高修缮工程项目的投资效益至关重要。审查和评价合同风险管理情况，主要是考察归口管理部门防范重大设计变更、不可抗力、政策变动等的风险管理体系的建立健全和执行情况。

5.2.3 高校修缮工程合同内控制度审计的方法

高校修缮工程合同内控制度审计是指在高校修缮工程建设项目过程中对工程合同管理制度及体系的建设和执行情况的检查。通过制度审计审核工程合同管理情况，可督促、规范相关部门完善制度体系、严格执行制度，以提高修缮工程合同管理水平，降低因疏于管理而导致的成本增加的风险。工程合同管理内控制度审计方法包括穿行测试法、按比例抽样调查法、访谈法、逆查法等。各审计方法适用情况如表 5-1 所示。

表 5-1 内控制度审计的方法及适用情况表

审计对象	审计方法	审计目的
管理制度、规范	穿行测试法	寻找缺少制度控制的环节
制度涉及资料	按比例抽样调查法	检查制度执行情况
制度执行人	访谈法	检查制度普及情况、 收集反馈意见
项目管理发生的问题	逆查法	识别制度漏洞

5.3 合同通用内容审计

合同审查是一项技术性很强的综合性工作，它要求审计人员必须熟悉与合同相关的法律法规，精通合同条款，对修缮工程环境有全面的了解，有合同管理的实际工作经验并有足够的细心和耐心。合同通用内容的审计主要包括以下几个方面的内容。

5.3.1 对合同效力的审查

合同必须在合同依据的法律基础的范围内签订和实施，否则会导致合同全部或部分失效，从而给合同当事人带来不必要的损失。这是合同审查分析最基本也是最重要的工作。对合同效力的审查与分析主要从以下几方面入手。

5.3.1.1　对合同当事人资格的审查

对合同当事人资格的审查也称为对合同主体资格的审查。承包人必须具有承包工程、签订合同的资格,即具备相应的民事权利能力和民事行为能力。有些招标文件或当地法规对外地或外国承包人有一些特别规定,如须在当地注册、获取许可证等。

在我国,对承包人的资格审查主要审查承包人有无企业法人营业执照、是否具有与所承包修缮工程相适应的资质证书。施工单位必须具备企业法人资格且营业执照经过年检,施工单位要在资质等级许可的范围内对外承揽工程。跨省、自治区、直辖市承包工程的还要经过施工所在地建筑行政主管部门办理相应手续,行政管理规定不影响民事主体的民事权利能力,未办跨省、自治区、直辖市施工许可手续的不影响合同有效。

5.3.1.2　对修缮工程项目合规性的审查

对项目合规性的审查即对合同客体资格的审查。主要审查修缮工程项目是否具备招标投标、签订和实施合同的条件,包括:

1)是否具备修缮工程项目建设所需要的各种批准文件。

2)修缮工程项目是否已经列入年度计划。

3)建设资金是否已经落实。

5.3.1.3　对合同订立过程的审查

对合同订立过程的审查包括审查高校归口管理部门是否有规避招标行为和隐瞒修缮工程真实情况的现象,投标人是否有串通作弊、哄抬标价或以行贿的手段谋取中标的现象,招标代理机构是否有泄露应当保密的与招标投标活动有关的情况和资料的现象,以及其他违反公开、公平、公正原则的行为。任何单位和个人不得将依法必须进行招标的项目化整为零或者以其他任何方式规避招标。依法应当招标而未招标的合同视为无效。

特别需要强调的是,在修缮工程招标投标过程中,出现了少数发包人和承包人签订黑白合同的现象。所谓黑白合同,是指合同当事人出于某种利益考虑,签订对同一合同标的物签订的价款存在明显差额或者履行方式存在差异的两份合同,其中一份做了登记、备案等公示的合同称为“白合同”,而另一份是仅由双方当事人持有的、内容与备案合同不一致的私下协议,称为“黑合同”。对于黑白合同,应当以备案的中标合同作为结算工程价款的根据。有些合同需要公证或由官方批准后才能生效,这应当在招标文件中说明。

5.3.1.4　对合同内容合法性的审查

对合同内容合法性的审查主要审查合同条款和所指的行为是否符合法律规定，主要包括：

1)审查合同规定的修缮工程项目是否符合政府批文。

2)合同内容违反地方性、专门性规定的合同效力确认，应具体审查地方性、专门性规定的效力，主要看该地方性、专门性规定是否与法律法规的禁止性或义务性规定相一致，一致的则合同无效，否则不影响合同的效力。

3)其他。如分包转包的规定、劳动保护的规定、环境保护的规定、赋税和免税的规定等条款是否符合相应的法律规定。

5.3.2　对合同完备性和公正性的审查

根据《中华人民共和国民法典》的规定，合同应包括合同当事人的姓名或者名称和住所、合同标的、标的的数量和质量、合同价款或报酬、履行期限、地点和方式、违约责任和解决争议的方法。一份完整的合同应包括上述所有条款。由于修缮工程的工程活动多，涉及面广，合同履行中不确定性因素多，给合同履行带来很大风险。如果合同不够完备，就可能会给当事人造成重大损失。因此必须对合同的完备性进行审查。

5.3.2.1　合同完备性审查的内容

1)对合同文件完备性的审查，即审查属于该合同的各种文件是否齐全。如承包人提供的技术文件等资料是否与招标文件中规定的相符，合同文件是否能够满足工程需要等。

2)对合同条款完备性的审查，即审查合同条款是否齐全，对修缮工程涉及的各方面问题是否都有规定，合同条款是否存在漏项等。合同条款完备性与采用何种合同文本有很大关系，是合同完备性审查的重点。

(1)合同条款与通用条款符合度审查。如果采用的是合同示范文本，如《建设工程施工合同(示范文本)》等，则一般认为该合同条款较完备。此时，应重点审查专用合同条款是否与通用合同条款相符，是否有遗漏等。

(2)合同范文的采用情况审查。对有合同示范文本而未采用的合同，在审查时应当以示范文本为样板，将拟签订的合同与示范文本的对应条款一一对照，从中寻找合同漏洞。

(3)无标准合同文本审查。若无标准合同文本，在审查该类合同的完备性时,审计人员应尽可能多地收集实际工程中的同类合同文本,并进行对比分析,以确定该类合同的范围和合同文本结构形式。再将被审查的合同按结构拆分开,并结合工程的实际情况,从中寻找是否存在合同漏洞。

5.3.2.2　合同条款的公正性审查

公平公正、诚实信用是《中华人民共和国民法典》中规定的基本原则,当事人无论是签订合同还是履行合同,都必须遵守该原则。但是,在实际操作中,由于建筑市场竞争异常激烈,受利益驱使,承包人在投标报价过程中可能存在欺诈等违背诚实信用原则的行为。因此,审计人员必须对修缮工程合同的公正性进行审核,应当重点审查以下内容:

1)工作范围,即承包人或委托人所承担的工作范围。工作范围是制定合同价格的基础,因此工作范围是合同审查与分析中一项不可忽视的问题。招标文件中往往有一些含糊不清的条款,故有必要进一步在合同中明确工作范围。审查合同一定要认真仔细,注意审核合同规定的工作内容是否明确具体,责任是否分明。

2)权利和责任。合同应公平合理地分配双方的责任和权益。在审查合同时,一定要列出双方各自的责任和权利,在此基础上进行权利义务关系分析,检查合同双方责权是否平衡、合同是否有逻辑问题等。同时,还必须对双方责任和权力的制约关系进行分析。在审查时还应当检查双方当事人的责任和权力是否具体、详细、明确,责权范围界定是否清晰等。

3)履行期限。履行期限的长短直接影响修缮工程项目能否在规定的时间投入使用。对学校而言,工期过短,不利于工程质量,还会造成工程成本增加;工期过长,则影响学校的正常使用。因此,在审查合同时,应当综合考虑工期、质量和成本三者间的制约关系,以确定履行期限是否合理。

4)工程质量。主要审查以下几个方面:对工程质量标准的约定能否体现优质优价的原则、材料设备的标准及验收规定、工程师的质量检查权力及限制、工程验收程序及期限规定、工程质量瑕疵责任的承担方式、工程保修期期限及保修责任等。

5)工程价款或报酬及支付问题。工程价款或报酬条款是工程合同的关键条款,但通常会发生约定不明或设而不定的情况,往往为日后争议和纠纷的发生埋下隐患。实际情况表明,业主与承包商之间发生的争议、仲裁和诉讼等,大多集中在付款上,承包工程的风险或利润最终也都要在付款中表现出来。因此,对工程价款或报酬及支付条款的审查也非常必要。审查内容包括合同价格及其调整、工程款支付的时间和方式、支付保证等。

6)违约责任。违约责任条款订立的目的在于促使合同双方严格履行合同义务,防止违约行为的发生。发包人拖欠工程款、承包人不能保证工程质量或不按期竣工,均会给对方带来不可估量的损失。因此,违约责任条款的约定必须具体、完整。在审查违约责任条款时,要注意:对双方违约行为的约定是否明确,违约责任的约定是否全面,违约责任的承担是否公平,对违约责任的承担方式的约定是否具体可操作等。

7)其他。在合同审查时,还必须注意合同中关于保险、担保、工程保修、变更、索赔、争议的解决及合同的解除等条款的约定是否完备、公平、合理。

5.4　高校修缮工程勘察设计、施工、委托监理及设备材料采购合同审计

5.4.1　高校修缮工程勘察设计合同审计

对高校修缮工程勘察设计合同的审计,应检查工程勘察设计合同当事人双方之间的权利义务划分是否明确、公平、合理。修缮工程勘察设计合同审计主要包括以下内容:

1)检查合同是否明确规定修缮工程项目的勘察设计任务目标,如修缮规模、投资额、使用功能要求、结构形式(加固工程)等。

2)检查合同是否明确规定勘察设计基础资料的提供方式和期限。

3)检查合同是否明确规定勘察设计文件交付的期限。

4)检查合同是否明确规定勘察设计的工作范围、进度,质量是否满足修缮工程建设需要。

5)检查合同是否明确规定勘察设计文件提供的份数、时间。

6)检查勘察设计费的计费依据、收费标准及支付方式是否符合有关规定。

7)检查合同是否有明确规定在修缮工程施工过程中双方配合协作的条款。

8)检查合同中是否包括违约责任条款,违约行为的划分是否清楚,违约责任的承担是否合理等。

5.4.2 高校修缮工程施工合同审计

由于高校修缮施工合同价款金额高低不同，影响因素多，履行风险大，因此，审计修缮工程合同时应当将施工合同作为审计的重点。除了前述一般工程合同审计的要点外，施工合同审计有其独特的关注重点。

5.4.2.1 高校修缮工程施工合同主体资格

1)对归口管理部门审核的内容包括主体资格、履约能力。

(1)主体资格，即建设相关手续是否齐全。如是否列入投资计划，规划、设计是否得到批准，合同签订者是否经过权利人的授权。

(2)履约能力，主要是资金问题。如施工所需资金是否已经落实，项目资金到位情况是否能够满足修缮工程建设进度要求，业主能否及时提供现场条件等。

2)对承包方审核的内容主要包括资质情况、施工能力、社会信誉、财务情况。

(1)资质情况。了解承包方的真实资质，是否存在越级承包或挂靠情况，合同签订者是否经过权利人的授权。需注意的是，承包方的二级公司和工程处不能直接对外签订合同。

(2)施工能力。主要了解承包方施工实力、技术装备情况如何，能否满足本工程需要。

(3)社会信誉。如承包方的商业信誉如何、以往工程业主的满意度、合同履行过程中的履约情况、以往工程中涉及的合同纠纷和法律案件情况、承包方受建设行政主管部门奖惩情况等。

(4)财务情况。主要了解承包方近年来的财务状况，承包方资金能否满足工程进度要求，承包方是否有拖欠工人工资的情况、是否有拖欠分包工程款的情况等。

5.4.2.2 高校修缮工程施工合同审计的内容

1)需要重点关注的合同条款，包括：合同的一般条款是什么；是否有特别条款，如果有是什么；合同条款和现行法律规定是否有冲突；是否存在黑白合同；合同条款约定是否与规范标准一致；在合同条款中是否明确了与所要进行的工作性质有关的风险。

2)合同当事人的义务，包括：

(1)双方所做工作的具体内容和要求是否完整,是否有合同约束,工作范围是否清晰。

(2)自己完成的工作是否需要对方的帮助,需要什么样的帮助等。

(3)双方各自的工作什么时候开始,应该在什么时候完成。

(4)业主方代表、工程师的职责和权利有哪些,合同条款中是否有对其职权的限制性规定,如何协调与其他承包商之间的工作。

(5)双方不按约定完成有关工作应该承担何种责任,应赔偿对方哪些损失,如何计算等。

3)合同价款与调整,包括检查协议书中合同价款的填写是否按照规定执行,检查工程合同计价方式约定是否清晰,检查工程合同价格构成符合度。

(1)检查协议书中合同价款的填写是否按照规定执行。招标工程的合同价款由发包方、承包方依据中标通知书中的中标价格在协议书内约定。非招标工程的合同价款由发包方和承包方依据工程预算在协议书内约定。

(2)检查工程合同计价方式约定是否清晰。合同价款是双方共同约定的条款,有固定价格、可调价格、成本加酬金等不同的计价方式,合同双方风险的分担也不相同,究竟采用何种计价方式,一定要约定清楚。

(3)检查工程合同价格构成符合度。若适用固定价格合同,应检查风险范围约定是否清楚,如何计算风险费用,是按百分比计算,还是采用绝对值法;还应检查合同中是否明确价格固定的种类,是总价固定还是单价固定。对于总价合同,检查是固定总价、调值总价、固定工程量总价,还是管理费总价;对于单价合同,检查是估计工程量单价还是纯单价。

另外,对于风险范围以外的风险费用如何调整也应在合同价款中约定。

4)付款情况,包括:

(1)是否有工程预付款,如果有,工程预付款的额度是多少,发包方向承包方拨付款项的具体时间或相对时间是什么,工程预付款扣回的起扣点在什么时候,扣回工程预付款比例是多少,什么时候扣完。

(2)工程进度款按何种方式支付,是按月结算、按工程形象进度结算、竣工后一次结算还是其他结算方式,付款的具体时间是什么,付款的货币种类是什么,汇率方面是否存在风险。

(3)付款方式是否会对工程资金周转产生任何有利或不利的影响。

(4)工程进度款的拨付有什么条件,如何对已完工程进行计量,每个付款期的付款额度如何计算,计价的依据是什么。

(5)承包方需要提供哪些担保,能否采用保函形式,如果可以,这些保函是不是按要求即付的保函,如果保函已支付,是否需要提供新的保函。

(6)是否有要求承包方垫资的条款,如果有,垫资额度是多少,何时归还,垫资是否有利息约定,如果有,利息是多少。

5)工期,包括:

(1)合同工期是多少,与定额工期差距有多少,是否有赶工措施奖励。

(2)完工的准确定义是什么,在完工方面双方当事人的义务有哪些,是否有一份有约束力的合同文件以约束承包方遵守有关的中间日期或节点,有没有实质性的完工条款。

(3)合同中是否有关工期延误的违约金或罚金规定,如果有,标准是什么,有没有最高限额。

(4)合同中是否有关于最长时间的规定,达到最长时间后承包方要承担什么责任,业主是否可以此终止合同或要求赔偿间接损失。

(5)合同是否允许延长工期,如果可以,延长的条件有哪些,就延期是否可要求经济补偿。

6)质量,包括:

(1)合同约定的质量标准是什么,合同价款是否体现了优质优价。

(2)工程需要进行哪些验收,什么时候进行,在什么时间段内进行,验收的程序是什么。

(3)工程需要进行哪些试验或检测,设备由谁提供,费用由谁承担、如何支付。

(4)业主是否可以增加额外检验,如果有,如何处理。

(5)业主拖延验收或检验应当承担什么责任。

(6)合同中是否有关于质量保证的规定,如果未能够达到约定的质量标准,有何处罚。

(7)合同中是否有关于工程保修的规定,是否要扣留工程保修金,何时归还,是否需要对间接损失承担责任。

7)材料设备供应情况,包括:

(1)当事人双方关于材料设备供应的约定是否清楚,供应的具体内容、品种、规格、数量、单价、质量等级、提供的时间和地点是否有详细约定。

(2)供应方要承担什么责任。

(3)材料设备进场程序如何,进场需要进行哪些检验,费用由谁承担、如何支付。

(4)在合同中是否约定供应材料和设备的结算方法。

8)违约责任,包括:

(1)在合同中是否约定双方当事人应承担的违约责任,如果有,在什么情况下要承担违约责任,违约责任的承担方式有哪些。

(2)对于双方共同违约如何处理。

(3)合同规定违约金与赔偿金的具体数额是多少,如何计算。

9)争议与工程分包,包括:

(1)合同中争议的解决方式是仲裁还是诉讼,如果选择仲裁,双方意见是否达成一致。

(2)如果选择仲裁方式,双方当事人各自选择哪家仲裁机构。

(3)如果选择诉讼方式,有管辖权的人民法院是哪个。

(4)分包的工程项目是否经发包方同意,分包方有无将其承包的工程再分包的现象。

(5)有没有指定分包商,如果有,指定分包商与谁签订分包合同。如何加强对指定分包商的监督管理。若指定分包商违约,双方当事人要承担什么样的责任。

(6)双方当事人在什么样的情况下可以终止合同,合同终止后的后果如何。

通过对合同条款的审计,如果发现工程施工合同中存在不完备、不合法的情况,需要补充新条款,或哪条、哪款需要细化、补充或修改,应当及时与被审计单位沟通,争取通过合同谈判另行订立合同补充条款。

5.4.3 高校修缮工程委托监理合同审计

对委托监理合同的审计,应检查工程监理合同当事人双方之间的权利义务划分是否明确、公平、合理。委托监理合同审计主要包括以下内容:

1)检查监理公司的监理资质与修缮工程项目的修缮规模是否相符。

2)检查合同是否明确所监理的修缮工程项目的名称、规模、投资额、建设地点。

3)检查监理的业务范围和责任是否明确,特别是监理工程师与甲方代表的工作范围和责任的划分是否清晰。

4)检查现场监理人员的配备,包括总监、专业监理工程师和监理员的资格、数量、专业结构是否满足修缮工程建设的需求。

5)检查委托监理合同中是否明确监理工程师的权力,包括开工令、停工令、复工令的发布权,工程施工进度的检查、监督权,工程质量的检查、监督和否决权,工程分包方的认可权,工程款支付的审核和签认权,以及工程结算的复核确认权与否决权等。对这些权限,合同中是否有特别的限定。

6)检查监理报酬的计算方法和支付方式是否符合有关规定。

7)检查合同中是否明确规定有权要求监理方提交监理工作月报、监理业务范围内的专项报告,以及工程竣工验收资料,时间要求是否明确。

8)检查合同中有无对违约责任的追究条款。

5.4.4 设备和材料采购合同审计

工程设备和材料采购合同是指具有平等主体的自然人、法人、其他组织之间为实现工程设备和材料买卖,设立、变更、终止相互权利义务关系的协议。依据协议,出卖人转移工程设备和材料的所有权于买受人,买受人接受该项工程设备和材料并支付价款。

修缮工程项目建设阶段需要采购的工程设备和材料种类繁多,合同形式各异,但根据合同标的物供应方式的不同,可将涉及的各种合同大致划分为物资设备采购合同和大型设备采购合同两大类。物资设备采购合同是指采购方(学校或承包人)与供货方(供货商或生产厂家)就供应修缮工程建设所需的建筑材料和市场上可直接购买定型生产的中小型通用设备所签订的合同;而大型设备采购合同则是指采购方(学校或承包人)与供货方(供应商或生产厂家)为提供修缮工程项目所需的大型复杂设备而签订的合同。工程设备和材料采购合同审计主要包括以下内容:

1)检查采购是否按照公平竞争、择优择廉的原则来确定供应方。

2)检查采购合同中设备和材料的规格、品种、质量、数量、单价、包装方式、结算方式、运输方式、交货地点、期限、总价和违约责任等条款规定是否齐全。

3)检查对新型设备、新材料的采购是否进行了实地考察、资质审查、价格合理性分析及专利权真实性审查。

4)检查质量要求和技术标准是否完整,是否满足修缮工程建设需要。

5)检查合同内约定产品数量时是否写明订购产品的计量单位、供货数量、允许的合理偏差范围和计算方法。

6)检查合同中设备和材料的采购采用何种供应方式,是否能够满足修缮工程建设需要。

7)检查合同中对采购的设备和材料的供应期限是否有明确的规定,是否能够满足工程建设需要。

8)检查合同中对采购的设备和材料的验收规定包括验收依据、验收内容和验收方式是否完整、具体。

9)检查合同有无对供应方违约责任的追究条款。

10)检查采购合同与财务结算、计划、设计、施工、工程造价等各个环节衔接部位的管理情况,是否存在因脱节而造成的资产流失问题。

5.5　高校修缮工程合同履行审计

5.5.1　修缮工程合同执行情况审计

在工程审计时,审计人员还必须对修缮工程合同的执行情况进行跟踪审计,工程合同执行情况审计主要包括以下方面:

1)检查工程合同当事人双方是否按照合同约定全面、真实地履行合同义务。

2)检查合同履行前是否通过合同交底落实合同责任。

3)合同签订情况评价,包括评估预定的合同战略和策划是否正确,是否已经达到招标文件分析和合同风险分析的准确程度。审查该合同环境调查、实施方案、工程预算以及报价方面的问题并总结经验教训,审查合同谈判中的问题并总结经验教训,指出以后签订同类合同的注意点,以及各个相关合同之间的协调问题等。

4)检查合同执行情况,包括评估合同执行战略是否正确,是否符合实际,是否达到预想的结果,在本合同执行过程中出现了哪些特殊情况,应采取什么措施防止、避免或减少损失,合同风险控制的利弊得失,各个相关合同在执行中的协调问题等。

5)合同偏差分析,包括在合同执行中出现了哪些差异,差异的原因是什么,谁应该对此承担责任,采取了哪些措施,执行效果如何。

6)合同管理工作评价。这是对合同管理本身,如工作职能、程序、工作成果的评价,包括合同管理工作对工程项目的总体贡献或影响;合同分析的准确程度;在投标报价和工程实施中,合同管理子系统与其他职能的协调问题,需要改进的地方;合同控制中的程序改进要求;索赔处理和纠纷处理的经验教训等。

5.5.2 修缮工程合同变更审计

由于修缮工程合同履行的不确定影响因素多,因此,合同实施状态很容易与合同订立状态产生偏差,从而导致变更。合同变更包括合同条款的变更、合同主体的变更和工程变更,其中发生最频繁的变更是工程变更,即根据合同约定对施工工序、工程数量、质量要求及标准等作出的变更。

对工程合同变更的审计主要包括以下内容:

1)对工程变更的原因分析,包括发生了哪些变更,变更产生的原因是什么,谁应该对此承担责任。

2)对工程变更程序的执行检查,包括工程变更是否按照合同约定程序进行,是否有违法违规现象等。

3)对工程变更的影响分析,包括工程变更对工程合同的履行(进度、质量和投资等)产生何种影响。

4)对变更执行情况的检查,包括变更是不是必需的,是否有不同层级负责审批不同金额范围的变更项目的制度,工程变更是否可控等。

5)对变更后文件的检查。检查合同变更后的文件处理工作,有无影响合同继续生效的漏洞。

5.5.3 修缮工程签证与索赔审计

工程施工中签证内容不清楚、程序不规范、责权不明确是造成工程结算扯皮、工程造价不能得到有效控制的重要原因。因此,必须加强工程签证管理制度。工程签证与索赔审计的重点是:

1)审查合同专用条款中是否明确有效签证的认定原则,工程变更签证的约定条款是否得到有效执行。

2)审查签证单上是否有业主、监理工程师、承包商等相关方的签字和盖章,签字人是否具备签字权限,签证单是否在规定时间内提交。

3)审查签证事宜是否真实,资料是否完整、准确、客观,签证事宜描述是否将事由发生的原因及事实真相表述清晰,责任划分是否合理。

4)审查工程变更签证事项是否执行已有的合同单价,新增单价是否符合相关规定、是否符合当期市场价格。

5)审查索赔的期限和程序是否符合合同约定。

6)审查索赔事件中对双方当事人责任的划分是否明确、合理,索赔的依据是否充分。

7)审查索赔证据是否有效、真实、客观、全面,证据与索赔事件是否具有关联性。

8)审查索赔额的计算是否准确、合理。

9)审查索赔与反索赔事件的处理是否合法、合规、合理。

5.5.4　终止合同审计

1)检查是否达到合同终止的要件。

2)检查终止合同的报收和验收情况。

3)检查最终合同费用及其支付情况。

4)严格检查合同资料的归档和保管情况,包括合同签订、履行分析、跟踪监督以及合同变更、索赔等一系列资料的收集和保管是否完整。

第6章　高校修缮工程施工阶段的审计

施工阶段是高校修缮工程项目实施的主要阶段，是投资活动的高峰期。施工过程是建筑产品形成的主要过程，是把设计图纸和原材料、半成品、设备等变成工程实体的过程。施工阶段又分施工准备阶段和施工实施阶段。

施工单位与高校签订了工程承包合同后，应组建项目经理部，然后以项目经理为主，与高校归口管理部门配合，进行施工准备，从而使修缮工程具备开工和连续施工的基本条件。施工准备阶段主要进行以下工作：成立项目经理部；根据修缮工程项目管理的需要建立机构，配备人员；编制施工组织设计，主要包括施工方案、施工进度计划和施工平面图等，用于指导施工准备和施工；制订施工项目管理规划，指导修缮工程项目管理活动等。施工实阶段的工作主要是按施工组织设计的安排进行施工，在施工中保证质量目标、进度目标、成本目标、安全目标、环境目标的实现；实现文明施工，严格履行工程承包合同，处理好内外关系；做好合同变更及索赔，做好记录、协调、检查分析工作。在施工阶段，项目经理部既是决策机构又是责任机构，学校归口管理部门、监理单位的作用是支持、监督与协调。

高校修缮工程施工阶段的审计主要归属于管理审计的范畴。管理审计主要从学校修缮工程的规范化、进度管理方面入手。

6.1　高校修缮工程管理规范化

工程管理规范化是高校修缮工程可持续发展、确保工程公平、建设和谐环境、提高工程执行力水平的需要。工程实施阶段的规范化管理，要求管理者在工程实施过程中强化落实以“执行力”为核心的规范化管理技术，减少不必要的资源消耗和时间浪费，提高工程管理的效率，确保工程目标成功实现。

高校修缮工程投资规模大，大多数高校每年的修缮资金都在几千万元以上，有的甚至高达上亿元。高校修缮工程涉及面广、技术复杂、社会关注程度高，具有较大的社会影响力和经济影响力。工程是经济发展的重要载体，是转变发展方式的重要途径，也是调整经济结构的必由之路。高校修缮工程管理水平直接关系到国家巨额投资效益的高低，工程质量直接影响社会稳定和师生生命财产安全。

6.1.1　高校修缮工程管理规范化的内涵

6.1.1.1　工程管理规范化的界定

高校修缮工程管理规范化是在修缮工程实施阶段的管理实践中形成的一整套管理理念、管理方法、管理手段和管理措施的总称，具有科学性、系统性、可操作性。其核心思想是管理目标合同化、管理内容格式化、内容执行程序化、执行手段信息化，保证各管理层次、各参与单位和各岗位员工严格遵守各项法规、制度和计划，以提升工程项目执行力，实现工程管理目标。高校修缮工程管理规范化是一个全面化的管理模式，全面化是指规范化管理的思想和做法要贯彻到修缮工程实施阶段的所有管理活动中。规范化主要包含两个部分：一是规范化的操作，是指修缮工程实施中的每一个行为都有一定的规范和要求，每一位参与者都应遵守这种规范，从而让修缮工程的实施更加程序化、格式化和标准化，做到修缮工程项目的可推广性、可复制性；二是规范化的控制，要求修缮工程的实施要有一个流程，要有计划、审核、执行和回顾的过程，控制好了这个过程，就可以大大减少修缮工程实施过程中的失误，杜绝部分管理漏洞，增强参与者的责任感和紧迫感。

规范化管理的核心在于实行刚性的制度，规范人的行为，强化责任的落实以形成优良的执行文化。规范化管理的本质意义就在于它是一种对战略和目标分解细化和落实的过程，是让工程目标规划和决策能有效贯彻到每个环节并发挥作用的过程，同时也是一个提升执行能力的重要途径。

6.1.1.2　工程管理规范化的运行

高校修缮工程管理规范化的运行是一个规范化体系的运行。该体系需要在“执行控制”理念和文化指导下，建立完善的组织系统，综合运用合同化、格式化、程序化、信息化等规范化管理技术，对工程目标实施执行控制，通过评价反馈形成封闭循环。

高校修缮工程管理规范化体系的正常高效运行要求体系中各构成要素内部和各构成要素之间形成良性的相互依存、相互作用、相互制约的关系，即形成良好的运行机制。按照机制对系统功能影响的差异分类，可将高校修缮工程管理规范化体系的运行机制分为激励约束机制、协调机制和适应发展机制。

1）激励约束机制。激励约束机制是指对管理对象实施双向刺激，激发其运行活力，并对其进行引导，使其行为向管理者预期的方向或目标发展，最终实现期望目标的机制。根据激励约束机制的作用及其影响，可将其细分为动力机制、约束机制及确保机制有效运行的绩效评估与反馈机制。

动力机制一般是指推动系统运行、保证系统活性力量的产生与运作的机制。根据系统内动力来源的不同，动力机制主要由利益驱动、命令推动和文化推动组成。约束机制是指对系统行为进行限定与修正，使其满足实现系统最终目标需求的功能与机制。根据机制约束对象的不同，其主要约束因素有权力约束、责任约束、利益约束和文化约束。绩效评估与反馈机制作为动力机制和约束机制的基础，可以监控、评估修缮工程项目执行控制的结果并及时反馈信息，主要有两方面内容，即绩效评估和信息反馈。

2）协调机制。协调机制即协商与调解机制，是指“为了取得一致意见而共同商量”和“斡旋双方之间以便使双方和解”的机制。协调机制是修缮工程管理规范化得以维系和高效运行的要求。若协调机制失效，即使各参与方的效率再高，也不能有效保障工程目标的顺利实现。不同职能部门以及各参与方之间需要相互协调，这就要求我们建立有效的协调机制，使修缮工程项目的所有参与人员都有效履行自己的职责，为实现体系的系统功能做出自己的贡献。协调机制是工程项目各参与方，如学校归口管理部门、施工单位与监理单位之间的协调。在内容上包括了各个主体之间的人际关系的协调，各个职能部门之间组织关系的协调以及他们的直接供求、配合、互相约束等关系的协调。依据体系的构成、协调方式的差异，一般来说有三种协调机制：集中指挥机制、标准化机制、目标协调机制。集中指挥机制是指依靠体系中上层领导和权威的直接集中指挥和指令达到系统的有效协调的机制，主要用于职能部门内部或对同一个上级负责的不同部门之同的协调。

标准化机制是通过制定、颁布一些标准和规范来有效地协调各参与方之间基于合同的协作关系的机制。目标协调机制是指以修缮工程目标顺利实现为最终目的，以协调各方利益冲突、调动所有参与者积极性为手段来保证最终目标实现的机制。

3)适应发展机制。不同的修缮工程具有不同的特点，处于变化不定的外部环境中，这就要求工程管理规范化要拥有某种机制，能够去适应环境的变化，以保证在这种变化不定的状态下生存并不断发展，这就是适应发展机制。

适应机制主要用于提高体系的适应能力，即使体系能很好地适应环境的变化，而环境变化越是复杂，对灵活性和适应性的要求就越高。一般来说，修缮工程构成复杂，不同工程之间差别又大，同时还受外部宏观环境以及利益相关者的影响，这就要求我们在推行修缮工程管理规范化时，应根据修缮工程实施的实际情况进行相应的调整，在保证对环境变化的适应性的同时，也能具有一定的灵活性。无论外部环境如何变化，以执行控制理念为指导构建的规范化管理体系具有相对稳定的功能和结构。

适应发展机制是适应机制的提升，是一种较高层次的适应机制，它促使修缮工程管理规范化体系在不断接受来自外部环境信息的基础上，不断地学习、创新。评价是发展机制的前提和体现，包括对系统自身的评价和对运行效果的评价两个部分。一方面，通过对自身的评价可以推动系统的完善和升级，即通过综合考察、评价自身的体系结构以及存在的问题和不足，及时根据评价结果采取相应的调整措施来实现；另一方面，对运行效果进行评价可以发现运行过程中存在的问题和缺陷，为工程管理提供指导和帮助，以提高对修缮工程执行的控制能力和水平。

6.1.1.3　标准化与规范化

标准化是以具有重复性特征的事物为对象，以实现最佳经济效益为目标，有组织地制定、修改和贯彻各种标准的整个活动过程。标准化管理工作的作用与功能主要是对制定、修改和贯彻实施标准等整个标准化活动进行计划、组织、指挥、协调和监督，以保证标准化任务的完成。修缮工程管理的标准化就是制定、修订管理标准，执行管理标准并不断进行标准化建设的工作过程。高校修缮工程施工标准化管理主要包括四个方面的内容：管理制度标准化、人员配备标准化、现场管理标准化、过程控制标准化。通过落实四个标准化，建立“标准化指挥部”“标准化项目部”“标准化监理站”，创建“标准化工地”，实行“标准化作业”。

标准化管理主要侧重于方法、手段，着重强调通过制定、修订并执行管理标准这种手段，来保证各种具有重复性的标准化任务的顺利完成。而规范化管理则包含一整套管理理念、管理方法、管理手段和管理措施，通过规则的系统化和细化，运用合同化、格式化、程序化和信息化的手段，组织工程管理各单元精确、高效、协同和持续地运行。

6.1.2 高校修缮工程管理规范化的发展趋势

随着管理科学和工程管理实践的发展，修缮工程管理规范化不断丰富与完善。和谐管理、精细化管理、集成化管理、标杆管理等为高校修缮工程管理规范化不断注入新的内涵。

6.1.2.1 强化和谐工程管理理念

和谐工程管理包括工程内部的协调、工程利益相关者的协调以及工程经济绩效与社会目标、环境目标的和谐统一。高校修缮工程内部的协调是指学校的职能部门内部和各职能部门之间的协调；工程利益相关者的协调是指学校、监理单位、设计单位、承包商、材料设备供应单位以及银行、保险公司等相关方之间的协调；而高校修缮工程的经济绩效与社会目标、环境目标的和谐统一是高校修缮工程管理的最高境界，即在保证工程经济效益的基础上，推动社会经济稳定发展、保护生态环境、消除工程实施过程中的腐败行为。

6.1.2.2 倡导精细化管理

精细化管理是通过建立目标细分、标准细分、任务细分、流程细分，将管理的对象逐一分解，量化为具体的数字、程序，使每一项工作内容都能看得见、摸得着、说得准，使每一个问题都有专人负责，实施精确计划、精确控制、精确考核。一个实现管理精细化的工程一般都能够将成本控制到最优，因为管理的精细化能够优化流程、提高质量，降低不必要的损耗，减少浪费，用最少的投入实现最大的产出。修缮工程管理精细化是现代工程成功完成的必然要求和必要途径，是实现工程安全、质量、进度、成本等各项管理目标的必由之路，是管理上的进步和完善。

6.1.2.3　实施集成化管理

高校修缮工程集成化管理就是依据修缮工程和工程管理的特点，应用系统工程原理，综合考虑工程整个生命周期中各阶段的要求和衔接关系，工程管理中各要素的相互关系，以及工程实施过程中各参与方之间的动态影响关系，各参与方的协调和整体优化，而采用的一种基于信息技术的高效率工程管理模式。信息技术是工程集成化管理的实施基础，合适的工程管理组织模式是工程集成化管理的实施保证。工程集成化管理要求在工程的发起阶段就对工程全生命周期中的多重约束条件进行系统的考虑，明确各参与方，尤其是各供应商、分包商以及原先并未纳入工程管理体系的参与方之间的影响和依赖关系，为之提供合适的沟通和协调平台，通过利用完善的信息技术形成动态的高效率的工程组织，全面实现工程的要求，达到令广大师生满意的目的。

6.1.2.4　推行标杆管理

标杆管理为高校修缮工程管理团队提供了一个认识对手、认识自我的工具，借此能发现领先者赖以取得优秀绩效的关键因素，通过有组织、有目的、有选择地学习模仿，改进融合，脚踏实地地逐一改进不足，使自身组织在该领域达到领先水平。标杆管理方法较好地体现了现代知识管理中追求竞争优势的本质特性，因此具有巨大的实效性和广泛的适用性。标杆管理技术不是简单的模仿、学习，而是把价值创造和提高核心竞争力作为根本战略抉择，抓住"学习＋创新＋实践"的关键，以超越为目的的学习，是学习和超越的辩证统一。

6.1.3　高校修缮工程规范化管理技术

6.1.3.1　规范化管理技术概述

修缮工程管理技术是立足于现代科学和技术的管理思维的升华，是将工程中的各种技术、人力、物力、财力及信息进行合理配置，以实现工程预期目标的一整套管理理念、理论、方法、措施。工程管理技术是一门软科学，是科学运用工程技术，实现工程目标的方法论。工程管理技术重视发挥人的主观能动性，是一种非物质的科学生产力。

当前，我国工程管理中的矛盾和问题的关键，不是缺乏先进的建造技术，而是缺乏系统的管理技术。多年来，我国的工程规模和建设速度领跑国际社会，给广大工程技术人员提供了实践锻炼的机会，重大工程的实施过程也取得了大量技术创新成果。现阶段，我国的工程建造技术与发达国家相比，已经处于接近或者是同步的水平。与此同时，工程管理技术成果能够给人带来深刻印象的除了领导者的坚强和建设者的奉献精神外，难以从中发现成功的具有长久生命力的管理理论和管理技术体系。因此，也难以实现工程管理经验的有效复制和传承，工程管理只能做到“独乐乐”，而无法做到“众乐乐”。

我国工程技术的创新主要依靠工程实践和科研机构或高等学校的研究与总结，而管理技术的创新主要依靠工程管理者的经验和理论工作者的研究与总结。在两种创新中，前者结合得比较好，哪怕是非专业出身的管理人员，他们中的很多人都能够获得工程技术创新方面的“科技奖”；而后者则结合得较差，因为它要求管理者既要有经验，又要有专业技术和投入研究的时间，同时还要与具有实践经验的理论工作者协作，因此很难取得管理理论和技术体系的突破。当前我国缺乏工程管理理论和管理技术体系，没能够把工程技术和取得的成果及经验有效地落实到全寿命管理的观念上并上升到哲学思维，去实现工程管理的可持续发展，这是工程管理技术及理论研究的缺失。

管理技术从字面上理解似乎与现代化的各种统计、预测、决策模型密不可分，通常我们所说的工程管理技术，是指在工程管理中应用的各种定量和定性分析的具体技术手段。在工程管理实践中，常用的一般工程管理技术有如下几类：

1)范围管理：WBS(工作分解结构)等。

2)成本管理：增值分析技术、目标成本法、作业成本法、弹性边际成本法等。

3)质量管理：调查表法、分层法、排列法、因果分析图法、直方图法、控制图法、相关图法等。

4)风险管理：风险坐标图法、蒙特卡罗法、关键风险指标管理、压力测试、事故树分析法等。

5)进度管理：网格计划技术、流水施工技术、图表控制法、香蕉曲线法等。

6)安全和环境管理：6S(整理、整顿、清扫、清洁、素养、安全)安全管理技术等。

规范化管理技术是工程管理规范化的核心，是在工程管理实践中发展起来的一整套科学的、可操作的工程管理技术，区别于常用的工程管理技术，其核心内容为通过管理目标合同化、管理内容格式化、内容执行程序化、执行手段信息化，实现工程管理水平和效率的提升，确保工程目标的实现，包括合同化管理技术、格式化管理技术、程序化管理技术和信息化管理技术。

规范化管理技术涵盖了工程管理的具体目标、内容、手段等，涉及工程实施的各个具体环节和步骤，主要解决工程实施过程中一些具体的管理问题，操作性、指向性非常强。修缮工程管理与其他行业工程管理在本质上是相通的，可以借鉴其他领域工程管理规范化的成果经验。

6.1.3.2　合同化管理技术

1)合同化管理技术的内涵。合同化管理技术贯彻事前控制的理念，要求在工程实施的初期阶段，明确业主与其他参与方的责任和义务，明确各参与方在工程实施过程中的定位，制定规范、详细的管理办法，并在招标文件的合同条款中列出，从而统一认识和要求，避免工程实施过程中可能出现的各种矛盾，保障工程各项目标的顺利实现，体现的是“有约在先”。在工程实施过程中，通过合同化管理的实施，明确合同关系各方主体的权利和义务，并约定不可预见的风险发生后的承担方式，可以有效防范合同关系各方主体的机会主义倾向，做到有据可依、依法管理，降低工程风险，节约工程投资。有效的合同化管理是一种减少合同履行过程中的摩擦和冲突、促进各参与方全面履行合同约定义务的重要手段。

工程项目合同化管理是合同管理的延伸与升华，以合同双方平等合作、相互依存、公平公正为基本原则。在工程实施过程中强调合同化管理精神，重视合同化管理观念。采用合同化管理手段并不意味着完全以合同代替权力、以合同代替管理，业主权力依然存在并发挥其应有的作用。合同化管理意味着民主、自由、平等、诚信、公正、责任等，体现的是规范化管理的精神。引入合同化管理的目的主要有两个方面：一是完善工程管理活动，弱化权力的强制性；二是增强工程项目管理层与各参与人员或参与单位的合作，包括管理层与员工之间，业主与承包商、监理单位、材料供应商、设计单位、科研咨询机构之间的合作。引入合同化管理的最终目标是希望用最合理的投资获取最大化的工程效益，包括经济效益和社会效益。

工程项目合同化管理的主体是业主。近几年来，随着工程项目法人负责制的全面推广和各工程行业管理的进一步正规化，业主承担的责任越来越大，其职能也不断地被强化和扩大。只有业主才能站在工程项目全局的高度，要求所有参与方在工程实施全过程中实行合同化管理、执行合同规定的各项管理制度和办法。

合同化管理除覆盖了合同管理的全部内容以外，与工程实施相关的管理规定，包括各项管理制度、办法、格式、流程以及国家和地方现行的各类行业标准和规范等也是合同化管理的主要内容。发挥合同化管理效力的前提是将各项规章制度看成一个系统，并以此作为工程合同的有效组成部分。

合同化管理的目标是督促各参与方自觉遵守各项规章制度、各种管理办法，主动控制工程实施过程中的各种行为，积极地朝着各项指标全方位达到合同要求的方向前进。在合同化管理过程中，其系统性功能将有助于消除各类合同管理过程中存在的不统一性和矛盾，有助于目标实现的唯一性。

2)合同化管理技术的特点，包括：

(1)融合性。将合同管理与其他工程管理技术的有机结合融入工程管理规范化体系，可以带动和促进工程整体管理水平的提高，并能依法规范合同行为。因此，合同化管理要求合同内容不能生搬硬套，不能脱离工程管理之外而自成体系。

(2)系统性。将合同化管理视为一个系统工程，不仅要求作为工程实施外部环境的合同体系与工程管理体系紧密融合，而且要求在修缮工程管理的开始阶段就必须将每一个制度、每一个环节、每一类合同，甚至每一个合同作为一个管理要素来设计，从而确定适应本工程实施的合同化管理模式。

(3)针对性。合同化管理要求对工程实施过程中最重要的阶段、最容易出现的问题以及本工程合同管理中的薄弱环节进行重点控制，突出重点，有的放矢，有针对性地强化管理，克服合同管理中的盲目性。

(4)可行性。无论是在建立健全合同管理体系方面，还是在合同管理的具体工作实践中，合同化管理都强调合同业务工作要全过程、逐环节地用制度加以规范，且与现行的工程管理实际相结合，并切实可行。

(5)防范性。合同化管理对合同业务实行封闭式严格管理，注重点面结合的科学管理方法的运用，并把合同化管理纳入经济责任制中进行考核，因而更具有约束力。这样不仅增强了合同业务人员的责任感，提高了合同签约和履约的质量,还能避免合同失误,减少乃至杜绝合同纠纷,加强履约中的信息传递,严格执行合同结算、付款等专项管理。

(6)公平性。合同化管理体现了合同双方平等合作、相互依存、公平公正的伙伴关系,意味着民主、平等、诚信、公正、责任等,因而合同化管理的实施效果与合同条款是否尽量公平、公正、合理有着直接的关系。管理制度与合同条款的内容应该考虑合同双方的利益,而不是单方面地向业主倾斜。

3)合同化管理的方法与内容。合同化管理以制度的规范性、科学性和依法合规性为前提,业主建立以事前防范、事中控制和事后反馈为主的合同化管理制度体系,是为了确保各项管理工作有章可循,真正体现合同的公平和有效。合同化管理工作面向对工程质量、投资、进度、职业健康安全、环境目标影响重大的关键环节来进行,内容广泛。主要包括:

(1)合同关系中的机构管理。在工程合同化管理过程中,业主单位在招标以前制定了各参与方的机构管理制度,包括业主单位管理办法、设计单位管理办法、咨询单位管理办法、监理单位管理办法、施工单位管理办法、监控单位管理办法、检测单位管理办法,并将这些管理制度纳入合同的专用条款中予以强制执行。这些管理制度约定合同关系中的各方主体单位在工程项目中的机构组成及在工程实施过程中的责、权、利,为合同关系中的各方主体单位之间的工作开展、利益分配与权力平衡提供制度保障,成为联系工程项目合同关系中各方主体单位的桥梁与纽带,将合同关系中的各方主体单位紧密地融入工程实施过程中。

(2)质量目标的合同化管理。每一个工程项目都会设置自己的质量目标,也就是说,对于大多数业主而言,满足国家和行业主管单位提出的基本质量要求是不够的。为了加强对工程质量的监控,确保精、优、美及实现一次性验收合格率100%的目标,业主往往会制定一些管理办法,并纳入合同化管理制度之中。这些办法包括:工程设计管理办法(含设计、咨询管理办法,工程设计技术管理办法等)、工程开工管理办法、工程施工方案报审管理办法(含临时工程施工方案报审)、工程质量管理办法(含工程质量事故管理办法)、工程奖罚管理办法、工程质量督管理办法、工程试验检测管理办法、中心试验室管理办法等。在合同化管理过程中,业主将这些质量管理制度作为合同的强制性条款,旨在控制整个工程实施全过程的质量,不仅要注重工程实施的结果,更要控制其过程,从源头上控制和提高工程质量。

(3)投资目标的合同化管理。目前的工程交易市场秩序依然比较混乱,低价中标、高价索赔的现象屡见不鲜,仅仅用一纸合同约定工程造价往往很难起到很好的效果。合同化管理就是要强调过程监控,事先堵住容易导致各种工程投资失控的漏洞,将承包商的行为纳入业主可以接受的控制轨道中来,避免工程投资控制上出现大的失误,提高工程投资的监控效率。在工程项目合同化管理过程中,业主单位为了确保投资控制在初步设计批复概算之内,在招标以前制定了投资目标管理制度,并将这些管理制度纳入合同的专用条款中强制执行,这些制度包括工程招标投标制度、造价管理制度、计量支付制度、变更管理制度、财务管理制度、材料采购及供应制度、结算管理办法等。

(4)进度目标的合同化管理。在工程项目合同化管理过程中,业主为了将工期控制在计划工期内,在招标以前便制定了工程进度管理制度,并将这些管理制度纳入合同的专用条款中强制执行,这些制度包括工程进度管理办法、工程进度检查督办管理办法等。通过合同化管理,使得进度计划中的各个环节如编制、审批、检查调整、考核等的要求明确。学校修缮工程管理部门要总体把握进度计划的执行控制,很好地控制工程进度偏差的偏离程度,使偏差在允许的范围内,这样就能确保进度目标的最终达成。

(5)安全目标的合同化管理。安全生产关系到民生,关系到稳定,关系到工程能否按期完成等问题,是落实科学发展观,建设和谐社会的具体体现。在工程项目合同化管理的全过程中,业主单位为了确保安全生产,争取实现无责任事故和无伤亡事故的目标,会制定管理制度,并纳入合同化管理之中,这些制度包括安全生产管理办法、安全监管管理办法、安全监理管理办法、安全事故管理办法等。

合同化管理涉及工程管理的所有内容,渗透到工程管理的每一个环节。由于不可能穷尽所有合同化管理的内容,因此在叙述时只能选择有代表性的主要内容,其余内容可以由工程项目的管理者自行确定。

6.1.3.3　格式化管理技术

1)格式化管理技术的内涵。格式化管理技术是指为加强对工程的执行控制,统一管理标准,将工程目标管理与流程管理的全部内容采用统一的格式进行管理,参与工程实施的各方相互之间业务关系的最终成果基本上采用表格来反映,统一标准、统一格式、统一管理,用格式化工作语言固化管理职能、优化管理流程、提高管理效率、实现管理创新。格式化管理的目的在于将工程的各种信息和资料结构化、有序化,提高工程管理的质量和水平,同时为信息化管理提供基础,便于迅速掌握工程实施情况,发现问题,及时采取措施进行控制。

2)格式化管理技术的主要功能,包括:

(1)业务的量化描述。格式化管理技术是对工程管理表格的系统应用,但不等同于简单地应用表格记录数据,而是利用表格记录和传递每一个执行过程中产生的信息,在每一个基本管理业务的格式中,必须包括管理业务的基本信息内容,并对内容实现标准进行定量和定性的描述,同时明确相关实施主体及职责,随时控制以保证执行的效果。

(2)管理任务的模块分解。格式化管理技术依据合同化管理内容,按照目标实现需求将管理内容划分为业主业务、监理业务和施工业务,业务中的每一种管理格式均按合同关系、技术规范、质量标准等明确相关内容,格式化管理过程实现了建造技术与管理技术的无缝对接。

(3)复杂管理任务的分解。格式化管理将复杂的管理工作和复杂的目标体系分解为单元格式,强调工程管理目标的细化、分解、落实,注重数量化和精确化,是精细化管理思想在工程管理实践中的体现。管理内容格式化能够引导各参与方自觉地按照格式内容的指导实施具体的业务,并完成管理格式内容,这种管理方法对工程实施多系统、多专业参与的开放性管理具有很强的针对性。

(4)管理任务的统一协调。格式化管理技术将各类工程项目管理的格式进行统一的安排与应用,并在管理过程中注重应用的系统性,这就是格式化管理的本质。也就是说,格式化管理技术以统一的标准格式实现对工程各类信息的获取、传递和处理,保证信息的真实性、有效性,及时为管理者提供决策依据,并将其应用于工程管理全过程,以保证对工程管理任务的执行和对合同目标的控制。

3)格式化管理工作应遵循的原则。格式化管理是一项系统工程,其管理过程中的每一个环节都对体系的运行有一定的影响,其实施成效的好坏直接决定工程规范化管理技术体系的实施效果和工程项目的执行控制效果。格式化管理要遵循以下原则:

(1)统筹规划,全员参与。格式化管理涉及工程实施的方方面面,各环节由不同的部门和个人共同完成,因此格式化管理的策划工作需要由全体工程管理人员直接或间接参与,充分调动每一个人的主观能动性。在格式化管理的整体策划中,要考虑局部管理的优化,同时兼顾各管理部门和全局的管理效率,以统筹的眼光审视和解决问题。

(2)科学设计,系统实施。表格体系是格式化管理的载体,在表格体系的设计过程中,要体现工程项目特征以及PDCA(计划—实施—检查—处理)流程的基础管理思想。设计出的表格要能够体现对流程有效控制的要求,要能够明确责任主体。表格体系从高层需求出发,从上往下逐级扩展,表与表之间的关系清晰,数据衔接合理、完整、简洁,内容清晰。表格体系设计要充分考虑到工程信息化管理的需要,为信息化管理提供基础数据。

(3)持续改进,创新管理。在格式化管理的实施过程中,及时了解格式化管理的现状和问题,以动态流程的重组来解决问题,不断提高表格体系设计的合理性和实效性,使工作效率大大提高,管理工作按部就班,生产组织有条不紊,以表格形式固化管理职能,优化管理流程。

(4)目标量化,内容细化。按照修缮工程管理的需要,根据合同将工程各项目标进行量化,并依据规范、标准、法律、法规及技术方法等细化到各基本工作单元。各工作单元统一规格、操作、质量、数量及实现标准,格式化管理以这些基本工作单元为基础,做到各工作单元能合理衔接,明确各单元的管理责任和管理内容,通过格式化管理统一各参与方的行为,使其服从于工程总体目标。

(5)严格执行,协调控制。格式化管理明确了工程管理的具体内容,充分体现出管理工作的流程和责任主体。各参与方在工程实施过程中必须严格执行合同,各管理单位格式化的内容是建立在合同基础之上的,各参与方对格式化的执行是互相促进和互相监督的。因此,各参与方、各部门、各环节、各个员工、各个工作单元之间要良好地衔接配合,协同控制,从而提高管理工作的整体效能。

格式化管理的格式设计要以事先确定的管理制度为依据,将制度中规定的管理程序用格式体现,有利于制度的执行检查。依据的主要管理制度有招标投标管理制度及程序、工程安全管理办法及程序、工程质量管理办法及控制过程、工程计量支付管理办法及程序、工程进度管理办法及程序、工程合同管理办法及程序、工程变更管理办法及程序、环境保护管理办法、工程验收管理办法等。

4)格式化管理的层次划分。格式化管理技术的方法体系从理念到应用,共分为四个层次:

第一层次:理念层次。格式化管理的方法体系要体现精、准、细、严的格式化管理的核心理念,同时这种核心理念也表明了在实施格式化管理过程中工程管理人员的认识、决心与态度。

第二层次:策划层次。在实施格式化管理的过程中,有一个对各个环节(如细化、量化、标准化、流程化以及协同化等环节)起指导作用的规划是非常重要的,这就需要对格式化管理如何实施进行精心的策划,并编制这样一个总体实施规划。

第三层次:执行层次。格式化管理的执行就是对策划层次环节的延伸与具体化,就是在工程实施中运用格式化管理的内容。

第四层次:综合运用层次。这是格式化管理的最高层次,在综合运用层次中体现了基本方法和具体操作步骤在各部门和具体业务工作中的综合运用,并形成更具体的、更具有可操作性的工作技巧和工作方法。

5)格式化管理技术的作用,包括:

(1)依据精细化管理理论,以表格的方式将各项管理工作细化和量化,做到各工作单元的合理衔接,明确各单元的管理内容和管理责任。

(2)在程序化管理的基础上,形成修缮工程管理工作手册和实用表格,具有指导性和可操作性。

(3)规范的表格形式为科研成果的应用提出了更高的要求,为技术创新成果的推广和运用提供了人性化的环境,降低了技术创新的风险。

6)格式化管理的业务内容。格式化管理涵盖工程实施的具体内容和各参与方开展管理业务的规范化管理格式,比较清晰地界定出业主、监理、施工三方在满足合同责任和社会责任前提下,进行工程质量目标、投资目标、进度目标、职业健康安全目标和环境目标管理的职责和业务。主要包括以下三方面的内容:

(1)业主业务格式化管理。格式化管理中的业主业务是指业主单位依照工程实施的相关法律、法规和合同规定,为实现工程执行控制目标、履行工程项目责任而对各参与方业务开展的过程和成果进行管理或监管的活动。通常情况下,修缮工程施工阶段的管理分为工程合同管理、质量管理、安全监管、进度监管、资金监管、环境监管、文档管理、竣(交)工验收管理、竣工决算管理、信息管理等业务。

(2)监理业务格式化管理。格式化管理中的监理业务是指监理单位按照工程监理的相关法规、标准及施工监理合同和施工监理规范的要求,为落实监理责任,围绕实现工程执行控制目标而依法依规开展的监督和管理活动。监理业务内容包括从施工单位进场开工到验收交工、质量缺陷责任期终止的整个过程,共分为工程开工管理、施工申报管理、工作指令管理、施工现场管理、中心试验室管理、监理报告管理、工程交验管理七大主要业务。

(3)施工业务格式化管理。格式化管理中的施工业务是指施工单位按照工程实施的有关法规、标准、规范、设计文件、合同承诺和要求,为落实工程目标而开展的施工自控和监控活动。施工业务体现出与工程管理五大目标(质量目标、成本目标、进度目标、安全目标、环境目标)相关的管理内容,自控与监控过程使用相关表格来体现。在工程施工中,要求施工单位必须按五大目标要求完成相应的业务内容,并对业务内容实施全方位、全过程、全环节的监控。

6.1.3.4　程序化管理技术

1)程序化管理技术的内涵。修缮工程程序化管理技术是指按照工程内在逻辑关系,将工程规范化管理的具体管理内容和模式制作成程序化范本,将管理业务以流程管理的形式固化为工程实施细则,对各承包商作出明确规定,并且在相似的工程项目中重复运用。

程序化管理是指对按照工作内在逻辑关系集中起来的一系列相互关联的活动所实施的程序性管理方式。通常程序化管理范围包括进行某种活动或完成某项工作的主要内容、操作方法及其相应的规则和前后的衔接、递进关系,也可以包括运营结果的反馈机制。

实施程序化管理的管理者一般会针对反复出现的业务编制出相对固定的程序,执行人员按照编好的程序去做,就能取得较好的效果。程序化管理通常以管理制度的形式来实施,具有清晰、明了、易于控制、可复制的特点,是组织工作高效、自动运作的基本保障,是管理者的“分身术”、员工的“指南针”。虽然,实行程序化管理可能会影响员工的创造性,但是,它对鼓励勤勉、减少部分人员的偷懒行为、减少管理者的随意性等都是有益的。

2)程序化管理工作的目的。程序化管理技术明确管理工作中具体事务的内容、时间、部门和人员，并明确相关权限和责任，运用流程管理与精细化管理理论，提炼出切实可行、操作便捷的工作程序，并按一定的规则固化下来，形成标准的管理流程和工作标准。程序化管理的目的在于明确职责权限、规范各类人员行为、减少管理过程中的混乱和真空状态，提高工程管理水平和执行效率。就修缮工程而言，程序化管理的主体是业主和监理单位，实施主体为工程各参与方，实施的依据是工程实施细则及相关制度与规定。工程程序化管理既体现在对各参与方内部工程事务的管理，也体现在对各参与方的管理目标带有合同性、社会性的管理，其管理是建立在合同双方共同遵守合同的基础之上。因此，工程程序化管理必须体现权、责、利、时、量、性的统一，这与传统的内部程序化管理存在本质上的区别。对于简单意义上制定了几个施工流程或管理流程，而没有对流程内容的实现目标进行定主体、定责任、定时间、定数量、定性质的管理，称不上程序化管理。

3)程序化管理技术的作用，包括：

(1)严格界定各项管理工作的流程，形成一整套涵盖工程管理全过程和各项工作的程序化文件。

(2)作为工程管理标准和工作指南，确保合同化管理内容按期、按质、按量完成。

(3)管理流程的规范性与工程管理的灵活性相结合，避免管理流程的僵化。

(4)对新工艺、新工法的系统总结有利于工程新技术和新工艺在不同的工程环境中得到广泛推广和应用，将显著提高科技成果的转化效率。

程序化管理贯穿了修缮工程实施的全过程，涉及工程所有的参与人员。程序化管理对合同化管理、格式化管理、信息化管理起着基础性和保障性的作用，为工程项目质量、投资、进度、职业健康安全和环境目标的顺利实现发挥着不可缺失的作用。

业主单位对自身人事、后勤、财务、企业文化建设等各方面的程序化管理以及业主在工程项目申报、可行性研究与论证、征地拆迁等过程中的程序化管理，也属于工程程序化管理的内容。设计监理制度、监理实施规划、监理实施细则、业主业务管理内容按照程序化管理特点共同构成了工程实施细则，成为程序化管理的全部内容。

6.1.3.5 信息化管理技术

1)信息化管理技术的内涵。信息化管理技术以实现工程各项目标为目的，根据目标管理的内容和理念，将现代信息技术嵌入工程的实施方式、业务流程、管理方式和组织方式中，并且开发出一套信息处理软件与工程管理信息平台相结合的系统，实现工程实施全过程的智能化管理，加快工程信息的传递速度，提高工作效率，从而提高修缮工程管理水平，加强对工程的执行控制。信息化管理必须与管理流程的优化相结合，以先进的管理流程为依据，将工程管理流程纳入信息化管理系统，使二者有机结合，实现集成化、智能化和网络化的管理，用信息技术实现工程管理的集成。

2)信息化管理技术的特点，包括：

(1)信息化管理涉及工程全寿命周期，各环节由不同的部门和个人完成。因此，信息化管理的策划工作需要由领导牵头，全体工程管理人员直接或间接地参与，充分调动每一个人的主观能动性，以统筹的眼光审视和解决问题。

(2)充分结合工程管理活动的需要，以各种管理表格和管理流程为依据，实现信息的标准化和有效集成。加强组织和制度建设，保证信息化管理实施的软硬件条件。

(3)在信息化管理的过程中，工程管理人员可实时了解信息化管理的现状和问题，不断提高信息化管理系统的合理性和实效性，使工作效率大大提高，实现创新管理。

3)信息化管理的任务，包括：

(1)信息集成工程管理规范化。该项工作依赖于管理信息的及时沟通和交流，然而在整个工程实施过程中，由于信息量大，涉及参与方多，再加上参与方之间物理距离的存在，使得信息割裂和分离的情况非常严重。为保证信息及时、正确、高效地交换和共享，需要针对某个既定目标，或面向特定任务，对信息进行组织和管理，使相关的多元信息有机融合并优化使用。工程项目信息集成是指在工程实施的各个阶段各参与方之间实现数据共享，从而保证工程项目中的每个参与方，在工程实施的每个阶段都能将正确的信息，在正确的时间、正确的地点，以正确的方式，传递给需要该信息的人。

(2)应用工程信息化管理系统开发。该系统是一套工程项目信息处理软件与网络信息交流平台的有机结合体，基于信息单元技术，通过对单元信息进行收集、加工、整理、存储、检索、维护和使用，建立修缮工程项目信息管理内容与管理过程的平台，提供相应的信息处理结果和依据，加强工程信息沟通，提高工程管理效率。通过对工程项目信息化管理系统的开发和应用，支持修缮工程项目利益相关者之间的业务交流、信息共享，达到加速工程项目相关信息的流转速度、提高工作效率、强化工修缮程项目管理的信息化水平、降低工程投资的目的。

6.2　高校修缮工程进度管理现状及规范化管理

进度管理就是通过科学合理的时间配置，在合同约定的时间范围或计划工期内完成修缮工程项目的建设，达到预设的目标并实现投资目的，包括保证工程按时完工所必需的一系列管理过程和活动。进度管理直接关系到工程项目的工期，同时对工程质量、投资、职业健康安全和环境也有重要影响。进度管理主要包含进度计划制定、进度计划实施、进度计划监测与控制、进度计划优化与变更等核心过程，实现这个过程需要一套完整的进度管理规范化体系。进度管理对于高校修缮工程来说尤为重要。

6.2.1　进度管理现状与影响因素分析

6.2.1.1　进度管理现状

进度管理是工程管理中的重要内容，目前我国工程进度管理成效显著，大多数工程都能够按计划顺利完工，甚至能提前完工。我国工程进度管理的成效是多年来我国工程管理水平和能力的体现，但在取得这些成效的同时，也反映出一些需要完善的地方，比如：勘察设计周期不合理；对于试验段和探索性工作，工期安排存在不合理现象；在修缮工程建设总工期安排较为合理的前提下，存在局部工期安排不合理的情况；众多参建单位之间组织协调不力而延误工期等。

6.2.1.2　进度管理影响因素分析

大量调查分析表明，影响进度管理的主要因素有以下几类：

1)设计阶段影响因素，包括：

(1)设计文件缺陷。设计文件缺陷或错误时有发生，是影响进度的主要因素。由于学校的资金来源一般是国有资金，加上各种制度制约、修缮时间限定在寒暑假等原因，一般留给设计的时间有限，要求的设计期限很短。致使设计人员没有充足的计算和分析时间，各相关专业之间的设计协调相对较少，可能会导致设计文件存在缺陷。

(2)市场竞争激烈,越级承揽设计任务。一些设计单位为了能获得设计任务,违规越级承揽设计任务,有的甚至采取欺骗的手段,隐瞒设计能力低的事实。

(3)设计人员技术水平存在缺陷。由于市场需求的增加,很多设计经验欠缺的专业人员承担着较重的设计任务,无暇进行业务提高和经验积累,对设计规范和技术规程不能做到熟练掌握,这也是造成设计存在缺陷的一个重要原因。

(4)计算机设计的负面影响。计算机设计软件的普遍使用,使得设计人员过分地依赖计算机,将本该进行的必要检查和复核工作省略,各专业之间的设计界面通过计算机表达,增加了出现设计错误的机会。

2)材料及设备供应因素。材料和设备的订购、供货能否及时到位会对工期产生较大的影响。一般来讲,大宗常规建筑材料和设备比较容易获得,并能按时交货,但也容易使管理人员产生麻痹大意的思想,往往不注意对材料库存、订货合同等的管理,造成不必要的工期延误。对于稀有材料或设备的管理,管理人员一般比较重视,因而不容易出现问题。对于需要进口或定做的材料和设备必须高度重视,因为进口材料有时会受到国际贸易法规、海洋气候等不确定因素的影响而延迟交货。

3)场地以及气候条件变化因素。场地状况会影响施工作业人员、设备、材料等的整体布局和现场活动的开展。由于建设单位或承包商在合同条款、现场布置等方面总是存在着各样的缺陷,施工场地在施工过程中常会有一些变化,致使正常的作业活动受到一定程度的干扰,使工期受到影响。气候变化一般会影响工程中某些作业的质量,造成作业返工或修复,占用一定的工期。气候异常造成的停工、窝工,不仅影响工期,而且会给承包商带来一定的损失。

4)施工管理措施因素。在工程施工过程中,承包商自身的管理水平、施工现场环境、劳动力需求状况、设计变更、资金、物资供应、风险问题以及其他建设相关方的影响等都可能影响工期。承包商如果对这些问题没有采取积极有效的应对措施,往往在受某一个因素的影响时,会产生一系列"共振效应",带动其他因素的影响。因此,在事前应认真分析,制订应急计划,采取有效控制措施。同时,处理好进度与成本、质量之间的关系,使三者之间达到平衡。

5)学校管理能力因素。高校工程管理人才数量和质量上存在不足,影响了学校的管理能力,也会影响工期。部分归口管理部门对于进度管理的认识不够全面,忽视前期研究和设计工作,把修缮工程进度管理等同于施工进度管理,会给工程进度管理带来不利影响。

6.2.2 进度规范化管理技术

推行工程进度规范化管理,采用整套规范化管理技术,是实现进度目标的有效途径。当前,我国工程进度管理成效显著,但也并不是十分乐观,勘察设计不到位、材料设备供应不及时、一些工程面临复杂的场地和气候条件、建设或施工单位管理水平过低等因素,给进度管理带来了困难和挑战。

6.2.2.1 合同化管理

进度控制合同化管理的主要内容包括:

1)加强合同管理,强化组织、指挥协调,以保证实现合同约定的进度目标。

2)严格控制合同变更,避免因工程变更而造成进度延迟,对各方提出的工程变更和设计变更,监理工程师应严格审查。

3)在合同中充分考虑风险因素及其对进度的影响,制定处理办法。

4)建立包括业主、监理单位、设计单位、施工单位、材料设备供应单位等的进度控制体系,明确各方的人员配备、进度任务。

5)建立进度报告制度和进度信息沟通网络。

6)建立进度协调会议制度、进度计划审核制度、进度检查制度、进度分析制度、图纸审查制度等。

7)在合同条款和进度管理办法中制定奖惩措施,主要包括对缩短工期者给予奖励,对拖延工期者通过合同手段进行处罚,并进行索赔。

8)提供资金、设备、材料、加工订货等供应时间方面的保证措施,及时办理预付款和工程进度款的支付手续。

6.2.2.2 格式化管理

1)业主进度目标的格式化管理。格式化管理手段在业主进度目标执行控制中的运用主要体现在以下几个方面:

(1)按时提供施工条件。

(2)督促承包商按年、季、月编制施工综合计划,协助承包商实施进度计划。

(3)监督施工进度计划的实施。

(4)召开现场协调会。

(5)签发进度款支付证书。

(6)审批工程延期。

(7)督促承包商整理技术资料。

(8)审批竣工申报,组织竣工验收。

(9)处理争议和索赔。

2)监理进度目标的格式化管理。监理单位对于工程进度目标的控制,要利用格式化管理手段检查和督促承包商的工程进度,从而实现工程总进度目标。监理进度目标控制格式化管理主要包括以下几部分内容:

(1)编制施工进度控制工作细则。

(2)审核或协助编制施工组织设计。

(3)监督施工进度计划的实施。

(4)收集施工进度资料。

(5)开工、停工、复工等工作指令管理。

(6)监理报告管理。

(7)工程交验管理。

3)承包商进度目标的格式化管理。承包商是项目的实施者、进度的执行者,进度是否可控取决于施工是否顺利,进度控制的重点应是施工过程。承包商应主要做好以下工程进度相关内容的格式化管理工作:

(1)严格落实计划,找出关键工序的工期控制点及各个标段的工程重点、难点,在整体安排的基础上,加大对人员、材料、设备的投入,确保关键线路上的每一道工序都能按时完成。

(2)及时、严格地检查工程质量,避免因工程质量问题造成返工。

(3)建立进度奖惩制度,并严格执行。

(4)采用先进的技术和方法。通过技术、经济等方案的比较,尽可能采用新技术、新工艺、新材料、新设备以缩短施工工期。

(5)强化施工调度指挥与协调工作,超前部署,密切监控,遇到问题及时研究解决,避免搁置或延误。对重点工程项目或工序采取重点管理,抓关键,保重点,减少中间环节,提高决策速度和工作效率。

(6)优化组织机构、资源配置,保证物资供应。

(7)处理好施工外部环境,提高抗风险能力。

6.2.2.3　程序化管理

工程进度控制一般由业主委托监理单位进行。监理单位根据监理合同分别对设计、承包商的进度控制实施指导和监督。各单位都按本单位编制的各种计划实施,并接受监理单位的指导和监督。各单位的进度控制实施相互联系,相互协调,从而保证进度控制总目标的实现。进度控制主要通过以下程序实施:

1)审批承包商的工程总进度计划。国际通行的 FIDIC(国际咨询工程师联合会)合同条件规定,承包商从接到中标通知书之日起,在合同要求的时间内应向监理工程师提交格式和细节符合合同要求的工程总进度计划,并取得监理工程师的批准。如果监理工程师提出要求,承包商还应以书面形式提交一份施工组织设计,以备监理工程师审查。监理工程师接到承包商提交的工程总进度计划之后,应对进度计划进行认真审核,检查承包商制定的工程总进度计划是否合理,有无可能实现,是否适合工程的实际条件和现场情况,避免以空洞的、不切实际的工程总进度计划来指导施工。

2)要求承包商编制年度、月度进度计划。对于一个修缮工程来说,仅用工程总进度计划控制施工进度是不够的,尤其当工程比较大时,还需要编制年进度计划和月进度计划。月进度计划是年进度计划实现的保证,而年进度计划的实现与否,又影响着工程总进度计划。

3)要求承包商编制单项工程进度计划。某些重点单项工程施工工期常常影响整个工程施工总工期,因此,在施工进度计划的编制过程中要求单独编制重点单项工程进度计划。单项工程进度计划应服从工程总进度计划,并且与其他单项工程按照一定的组织关系统一起来,以免影响工程总进度计划。

4)对进度计划的审核与调整。在工程实施过程中,监理工程师应密切注意计划进度与实际进度间出现的不平衡,及时调整年度、月度和单项工程计划进度与实际进度间的差距,通过对年度、月度和单项工程进度计划的调整,完成整个工程计划。

6.2.2.4　信息化管理

由于各种数据没有建立起有效的连接,数据资料的查询、统计及报表的制定和信息的审批等工作费时、费力且易出错,常常影响进度控制的实施。因此,应加强对这方面的技术引进或开发,提高工程管理的标准化、系统化和自动化水平，建立高效、智能化的信息化管理系统。信息化管理系统在进度管理方面的运用主要有以下几个方面：

1）要求承包商做出年度、季度、月度施工计划，并且录入信息化管理系统，经监理工程师和业主审批后对照执行，定期进行检查，对执行不到位的进行相应处罚。

2）根据工程特点与工期要求，在信息化管理系统中建立重点控制计划，并且与承包商申报的施工进度进行比较，及时进行调整，满足进度管理的要求。

6.3 修缮工程项目施工阶段的审计

修缮工程项目施工阶段审计的内容包括内控制度审计，对影响工程质量的人、材料、机械、方法几方面进行的修缮工程质量审计，以及施工工程量审计。内控制度审计从审查内控制度的内容、内控制度的健全性、内控制度的遵循性等方面开展。工程量审计包括工程量清单范围内工程量的审计和工程量清单范围外工程量的审计，重点审计隐蔽工程的工程量。

6.3.1 内控制度审计

内控制度是企业为加强各业务环节和各管理部门之间的相互联系、相互制约而建立的一系列程序、制度、方法、措施的总称。内控制度审计应针对建设、施工、监理、设计、材料采购供应等单位的不同职责分别进行。修缮工程项目实施阶段是修缮工程建设内控制度跟踪审计的重点阶段。主要审计以下三方面内容。

6.3.1.1 内控制度的内容审计

内控制度的内容审计是审计修缮工程相关单位是否建立了必要的内控制度。审计时应注意检查参与项目建设的各单位的制度建设情况，检查有无重要的制度遗漏，具体包括：

1）建设单位制度，一般应包括招标投标制度、合同管理制度、质量控制制度、进度控制制度、财务管理制度、资金管理制度、成本控制制度、物资采购制度、信息管理制度等。

2）施工单位制度，一般应包括经营管理制度、工程管理制度、合同管理制度、安全管理制度、技术管理制度、档案管理制度等。

3)设计单位制度,一般应包括质量目标管理制度、合同管理制度、单位及个人资质管理制度、档案管理制度等。

4)监理、咨询单位都应当建立相应的岗位职责制度,还应有质量控制等制度。

6.3.1.2　内控制度的健全性审计

对一些重要的内控制度,审计人员应审计其内容是否健全、完备、严密、有效。

1)审计内控制度是否符合内部控制原则。一般应审查以下五个方面:

(1)处理每一项经济业务必须有明确的职责分工。

(2)处理每一项经济业务的全过程或其中的几个重要环节时,不能由一个人包办,以免失去相互制约作用。

(3)账、钱、物应实行三分管。

(4)应有健全的凭证和传递程序。

(5)应有健全的稽查和核对制度等。

2)审计内控制度在内容上有无重大缺陷。虽然订立了内控制度,但如果制度内容有重大缺陷,仍无法起到制度应有的规范和制约作用。例如,有的制度过于笼统难以执行,有的制度只有要求,没有罚则,缺乏刚性,有的制度内容已经过时或与国家政策有冲突等。因此,对重要的内控制度,审计人员应注意对其条款的合理性、健全性进行分析研究。对有重大缺陷的应建议修订、补充、完善。

6.3.1.3　内控制度的遵循性审计

对内控制度遵循性的审计一般可结合日常审计工作一并进行。即审计中发现违规违纪或损失浪费等问题时,延伸检查被审计单位是否遵循了相关的内控制度。也可就被审计单位是否建立健全了相关内控制度进行延伸检查,促使被审计单位建立健全必要的内控制度。

比如,正常的设计变更程序是建设单位、设计单位、监理单位或承包人书面提出变更申请,发包人认可—设计部门更改设计—承包人编制预算,提交施工方案—监理部门确认—审计部门确认—实际执行。如果审计中发现某项设计变更不合理,审计人员应该进行遵循性审计。如果审计进一步发现该项设计变更基本没有执行设计变更的内控制度,以及发包人认可、监理部门确认的控制环节均未遵循,审计人员不仅要揭露该设计变更的合法性问题，而且要对承包人违反内控制度的行为予以揭示和评价，以促使被审计单位严格执行既定的内控制度。

6.3.2 施工工程量审计

施工阶段的工程量审计是指审计人员根据招标文件、合同、施工图、设计变更、工程签证等资料，结合现场实际情况，对施工单位完成的合格工程数量进行审计。工程量审计的前提有三个：一是所计量的分项工程量是按施工进度及时或提前完成的；二是按施工图要求完成；三是施工质量符合要求。对工程量的跟踪审计是施工阶段投资控制的一个重要环节，工程量审核的准确与否直接影响到工程结算，甚至影响到施工质量和进度。施工工程量审计应重点审计以下三个方面。

6.3.2.1 工程量清单范围内工程量的审计

审计人员应要求施工单位按施工图详细计算各分部分项工程量，列出计算公式；要求监理单位对施工单位申报的工程量清单范围内的工程量进行逐项审核。对出现实际完成工程量比工程量清单中的相应工程量增加或减少的情况，审计人员应结合招标文件及施工合同内容分别作出处理。主要有以下几种情况：

1)施工单位未按施工图要求施工导致工程量大于清单量。因施工单位未按施工图要求施工，导致实际完成工程量大于工程量清单中的相应工程量的，审计人员应以工程量清单中的工程量为准，对超过部分的工程量不予认可。

2)施工单位未按施工图要求施工导致工程量小于清单量。因施工单位未按施工图要求施工，导致实际完成工程量小于工程量清单中的相应工程量(说明施工质量可能存在问题)的，审计人员一定要督促建设、监理单位仔细查找原因，妥善处理。

3)建设单位招标时提供的工程量偏大。因招标时建设单位提供的工程量清单结果偏大，致使施工单位按图施工后实际完成工程量小于工程量清单中的相应工程量的，审计人员应按实际图纸的工程量予以认可。

4)建设单位招标时提供的工程量偏小。因招标时建设单位提供的工程量清单结果偏小，致使施工单位按图施工后实际完成工程量大于工程量清单中的相应工程量的，审计人员应对施工单位按图施工实际完成的工程量予以认可。

6.3.2.2　工程量清单范围外工程量的审计

工程量清单范围外工程量审计的内容包括设计变更工程量、额外增加工程量及工程量清单中的错项、漏项。

1)对设计变更工程量的审计。审计人员在审计进点时应明确要求设计单位对工程实施过程中发生的设计变更以书面形式说明原因。施工单位必须严格按程序提交设计变更部分的施工方案,同时申报预算,经监理单位、建设单位审核后,报审计组审定,做到“先变更、后施工”。审计人员必须根据设计变更图纸对设计变更的工程量进行全面、细致的审核,计算出因设计变更而需要调整的工程量。在设计变更的具体实施过程中,审计人员还要检查施工单位是否按照设计变更图及审定的施工方案施工。如果是,即可按审定的预算结算;如果不是,则需重新编报结算送审。

2)对额外增加工程量的审计。审计人员在审计进点时应明确要求建设单位必须对工程实施过程中发生的额外增加工程以书面形式说明原因,并委托设计单位进行施工图设计,施工单位要严格按程序提交额外增加工程的施工方案,同时申报预算,经监理单位、建设单位审核后,报审计组审定,做到“先签证、后施工”。在额外增加工程的具体实施过程中,审计人员还要检查施工单位是否按照设计图及审定的施工方案施工。如果是,即可按审定的预算结算;如果不是,则需重新编报结算送审。

3)对工程量清单中错项、漏项的审计。对工程量清单中工程量较大的错项、漏项,审计人员应要求施工单位按程序进行申报,在提交施工方案的同时申报预算报价,经监理单位、建设单位审核,报审计组审定,实行“先签证、后施工”。审计人员必须对工程量清单中的错项、漏项进行全面、细致的审核,还要检查错项、漏项是否按照审定的施工方案施工。对按照审定的施工方案施工的,即可按审定的预算进行结算;对未按照审定的施工方案施工的,则需重新编报结算并进行审计。

审计人员在审核工程量清单范围以外的工程量时,还应特别注意以下几点:

1)在设计变更指令上应由设计单位或监理单位相关人员签字并加盖公章。

2)在工程变更部分的工作验收记录上应由建设单位、监理单位相关人员签字并加盖公章。

3)在现场签证过程中，建设单位、监理单位相关签认人员应在授权范围内实事求是地签证，并检查是否与合同规定有冲突，相关人员是否在签证单上签字并加盖公章。

6.3.2.3　隐蔽工程的工程量审计

审计人员应经常深入施工现场，掌握工程进展情况及相关技术问题，做到心中有数；应注意在隐蔽工程隐蔽之前，有针对性地抽查监理签证并且做好相关记录，对关键部位可用数码相机拍下全貌。在跟踪审计中，审计人员应根据实际情况灵活运用观察、巡视、检验三种方法。

在施工过程中，对于土方开挖、回填土等分部工程，审计人员应要求监理单位进行实测、实量，分阶段验收；要严格分清不同土质、深度、体积、地下水、放坡、支撑等情况，详细列表填写，做到不重不漏。填写时还要根据不同单价的工程量分别进行填写，不能只填一个总数。

6.3.3　工程质量审计

审计人员应根据工程项目的特点，对影响工程质量的人、材料、机械、方法四个主要因素予以重点关注。

6.3.3.1　人的因素的审计

对人的因素的审计，应着重对人的资质进行审计。审计人员应督促建设单位从以下三个层次对施工人员的资质进行控制：

1)施工现场项目经理作为工程项目的指挥者和组织管理者，必须具有相应的工作经历和资格、丰富的实践经验和较强的组织管理能力；必须善于协作配合，能够果断、正确地作出决策并采取有效的技术措施，领导项目部完成任务。

2)施工现场主要技术人员应具有一定的文化素质和职称、相应的专业资格和技术水平、丰富的实践经验和较强的组织管理水平。

3)施工现场技术工人应具有本专业的上岗资格、较丰富的专业知识和熟练的操作技能，熟悉操作规程和质量标准。

6.3.3.2　材料因素的审计

材料质量是工程质量的基础，审计人员一方面应审查现场材料是否符合设计文件或标书中所规定的规格、品种、型号和技术性能。另一方面应要求建设单位对材料质量严格把关。主要包括：

1)坚持审计人员、建设单位、监理单位、施工单位共同考察,优选供货厂家。

2)必须是具备正式的出厂合格证和材质化验单的材料方能进场。

3)对原材料必须按规定严格取样送检,不合格的材料一律不得进场。

6.3.3.3　机械因素的审计

施工机械是实施工程项目施工的物质基础,是现代化施工必不可少的设备。选择的施工机械设备是否适用、先进和合理,将直接影响工程项目的施工质量和进度。所以,审计人员应督促监理单位结合工程项目的布置、结构形式、施工现场条件、施工程序、施工方法和施工工艺,审查施工机械型号、主要性能参数的选择以及施工机械的操作,督促施工单位制定相应的操作制度,并严格执行。

6.3.3.4　方法因素的审计

这里的方法主要是指修缮工程项目的施工组织设计、施工方案、施工技术措施、施工工艺、检测方法和措施等。

所采取的方法是否得当,直接影响到工程项目的质量,特别是施工方案是否合理和正确,不仅影响到施工质量,还会对施工的进度和费用产生重要影响。因此,审计人员应参与对施工方案的审定,并结合工程项目的实际情况,从技术、组织、管理、经济等方面进行全面分析和论证,确保施工方案技术可行、经济合理、方法先进、操作简便,既能保证工程项目质量,又能加快施工进度,降低成本。对比较大型的修缮工程,一般采用跟踪审计的方法。

6.4　修缮工程项目跟踪审计

跟踪审计最早起源于 20 世纪 90 年代末的西方国家。而之前的英国、美国等发达国家的工程项目审计主要包括事前建设计划(即决策、勘察设计阶段)审计和投资绩效审计两个部分,很少采用与项目建设同步的跟踪审计。后来,彭慕兰(Pomeranz)提出预先审计的概念,指出预先审计应贯穿整个工程生命周期,以对工程进行严密监控,对管理漏洞迅速采取行动从而达到审计效果。随后,西方国家才逐渐推出了跟踪审计。我国早期的财政财务收支审计以及近期的建设项目管理审计,其基本审计方式都是以事后审计为主,审计的重心放在合法、合规性方面,尽管取得了一定的成就,但审计价值并没有得到完全体现。近年来,随着内部审计工作的不断深化,跟踪审计越来越多地被应用到建设项目审计中,特别是对建设过程中施工的审计,针对主要的工程管理活动，在不影响施工进度和施工程序的情况下，对投资、进度、质量控制情况进行跟踪审计。跟踪审计更便于掌握修缮工程项目的整体情况，它为审计参与监督管理提供了可能，也为审计对管理过程实施更加有效和直接的监督提供了方便。特别是修缮工程项目在施工过程中不可预见的情况时有发生，因此，选择更好的修缮工程全过程跟踪审计模式，对加强事先预防和控制，提高信息反馈的及时性是十分必要的。

6.4.1 修缮工程项目跟踪审计的概念

跟踪审计是指及时对审计对象的发生发展过程进行全过程审计监督。审计的主体是审计机关及其审计人员，审计的客体是项目投资资金使用者从事的经济活动。

修缮工程项目跟踪审计是指将修缮工程全过程划分成若干阶段或确定若干重点建设事项，由审计人员随着建设进程，及时对各阶段的审计对象（或确定的重点事项）进行审计并提出审计意见和建议，供被审计单位纠正存在的问题，改进、完善修缮工作，使修缮工程得以规范、有序、有效地运行，取得尽可能好的效益。

在跟踪审计过程中，各阶段的划分可根据修缮工程项目的风险程度、规模、特点、审计要求及审计资源情况等具体确定。分段跨度越小，每段持续时间越短，则审计次数越多，耗费的审计资源也越多，反馈审计信息的及时性、有效性也越强；反之亦然。

由于跟踪审计较早介入工程，更能触及工程实施的真实面，本着公平、公正的理念，实事求是地维护合同的严肃性，以体现审计的客观公正。但跟踪审计人员也应注意自己的职责与权限，在工作过程中可以从审计角度提出审计建议，但不应"越俎代庖"去做其他工作。

6.4.2 修缮工程项目跟踪审计的特点

6.4.2.1 目的性

审计是一种特殊的经济活动监控行为。跟踪审计是审计的一种改良形式，因而跟踪审计的过程也是一种监控过程和行为。一种控制行为只有有了特定的目标，才能发挥控制功能。审计目标直接决定着审计控制手段和方式。修缮工程项目内部审计是指组织内部审计机构和人员对修缮工程项目实施过程的真实性、合法性、效益性进行监督和评价的活动。修缮工程项目内部审计的目的是促进修缮工程项目实现质量、速度、效益三大项目标。修缮工程项目跟踪审计的定义也明确表明，修缮工程项目审计作为一种经济监控活动，其目的在于防止舞弊、提高工程质量、降低工程成本、规避工程风险，并为项目各参与方提供有用的决策信息。

6.4.2.2　全程性

一个修缮工程项目往往要经历投资决策、勘察与设计、招标投标、建设准备、施工、生产准备、竣工决算、考核评价等多个阶段，并且每一个阶段都有其自身的运行和建设周期，修缮工程项目跟踪审计就必须与各过程相配合、相适应。与传统的事后审计(在工程竣工后集中一次开展审计)不同，修缮工程项目跟踪审计具有全程性。全程性是指跟踪审计是对修缮工程项目从项目立项到竣工验收决算及后评价全过程的审计，它将整个建设过程合理划分成若干阶段或确定若干重点建设内容，对投资项目的审计也按各个阶段或重点建设内容进行，修缮项目建设资金运用到哪里，审计就要跟到哪里。跟踪审计体现了审计介入时间点的不断前移，体现了从事后审计到事前审计整个过程的不断向前拓展。事前、事中、事后这一全过程的审计提高了跟踪审计的效能和质量。

6.4.2.3　适时性

工程项目全过程跟踪审计的方式缩短了信息反馈的回路，提高了信息反馈的效率，使信息得到了充分、及时的利用，起到了预测和防范的作用，体现了信息反馈的适时性。跟踪审计的适时性，具体体现在发现和纠正问题的及时性，即能在审计过程中发现管理漏洞，及时反馈信息，提出合理化建议，达到高效利用审计资源的目的。与传统的事后审计不同，工程项目跟踪审计强调事前对修缮工程项目的投资决策审计和事中对修缮工程项目的资金使用情况、项目的进展情况及质量管理情况审计的全过程审计，对各阶段、各环节发现的问题能适时向有关责任方提出整改建议，实现边发现、边整改、边规范，从而克服了传统事后审计解决问题的滞后性。

6.4.2.4　系统性

传统的工程结算审计的内容往往比较单一，主要审查资金收支问题，而跟踪审计的内容范围非常广。工程项目往往是一个复杂的系统，各阶段、各环节、各部分之间存在相互联系、相互制约的关系。每一个问题的发生都可能会影响到整个工程的质量进度或效益。传统的工程结算审计已经不能满足现实需要。但工程项目跟踪审计则涉及整个修缮工程项目全过程的各方面，包括对工程建设方案、工程预算、工程资金收支、工程成本效益、工程质量、工程进度等全方位的审计，并且它们相互联系。因此，修缮工程项目跟踪审计具有系统性。

6.4.2.5 效益性

审计的效益性是通过审计行为的成果即审计的信息效益体现的。审计信息能够揭示和反映受托经济责任及工程的履行情况，有助于改善和提高管理职能，引导经济资源合理流向并实现最佳配置。修缮工程项目跟踪审计的效益性体现在审计信息的决策有用性。审计信息的决策有用性依据信息使用者的不同需求具有差异性。工程项目跟踪审计通过对跟踪审计过程中发现的修缮工程项目存在的问题及时提出改进意见和措施，不仅能及时发现和纠正修缮工程预算、工程招标控制价（标底）、合同洽谈、工程变更、工程结算、竣工决算等方面的问题，还能揭露和反映出体制制度方面存在的问题，剖析问题产生的根源；不仅能帮助学校加强管理，确保修缮工程项目各方参与者全面有效地履行责任，降低修缮工程项目建设过程中的委托代理成本，还能防止资金流失，保证国家方针政策的贯彻落实，保障广大师生的根本利益。

6.4.3 修缮工程项目跟踪审计的功能

6.4.3.1 监督功能

监督是指对现场或某一特定环节、过程进行监视、督促和管理，使其行为和结果按预定目标实现。从信息论角度看，监督是对信息的监督；从行为主体的态度看，监督处于协同的地位，它是为实现某种控制目的而服务的。监督功能体现在修缮工程项目控制过程中对信息的跟踪与监测部分。没有审计监督，就没有对信息的跟踪与监督，反馈也就成了无稽之谈，修缮工程项目跟踪审计就无法提供对决策有用的信息，对修缮工程项目管理漏洞的弥补也丧失了可操作性，修缮工程跟踪审计的目标就难以实现。政府主管部门要求“改进方式，对重点项目实行跟踪审计”“强化监察、审计等专门监督，高度重视人民群众监督和新闻舆论监督，做到行政权力运行到哪里，监督就落实到哪里，财政资金运用到哪里，审计就跟进到哪里”，这充分体现了审计监督的重要作用。修缮工程项目跟踪审计有利于发挥监督制约机制，让修缮工程项目建设系统始终处于全过程监督的开放状态，随时接受广大师生的监督。审计监督是实现审计目标的手段，而监督质量的好坏将直接影响审计功能的实现。工程项目跟踪审计是对修缮项目全过程、全方位、全面的监督。

6.4.3.2　评价功能

评价就是对特定事物、设想、方法等作出的价值判断，是用某种标准对事务的可靠性、实用性、经济性以及满意度等性能进行评估的过程。实施全过程跟踪审计的过程就是依据审计评价标准对修缮工程项目全过程各阶段的经济效益、管理水平、资金使用效率、资源配置、工程进度和质量等内容进行动态评价的过程。跟踪审计具有动态性，应适时根据项目建设的进展情况调整审计评价依据，以适应跟踪审计的需要。

6.4.3.3　服务功能

修缮工程项目跟踪审计的服务功能在于以工程项目利益相关者的需求为导向，在工程项目建设的不同层次和阶段为他们及时提供审计成果。工程项目利益相关者包括业主(建设单位)、设计单位、监理单位、施工单位、供应商以及经济供应链上的其他利益相关者。目前，在修缮工程项目建设过程中，违法违规行为、资金资源损失浪费等情况仍时有发生。此外，由于利益相关者之间的利益冲突，容易导致审计合谋、审计寻租和审计诚信缺失等问题，最终将导致修缮工程项目的社会效率下降。因此，审计人员必须更新观念，以政府和市场对审计的需求为导向，增强服务意识，创新审计工作。在宏观层面上，对工程项目实施跟踪审计应服务于国家、学校和广大师生的根本利益，及时查处工程项目建设过程中的重大违法违纪行为，惩治腐败，保证政策措施的贯彻落实，保障国家利益，维护国家经济的安全运行。在微观层面上，工程跟踪审计应服务于修缮工程项目建设本身，及时发现工程项目建设过程中的漏洞，及时进行反馈与整改，从而提高修缮工程项目管理的效率和效果。

6.4.3.4　防御功能

审计是国家经济社会运行的免疫系统，即通过发现问题、处理问题、完善机制，以增强“免疫”功能来抵御“病毒”，这是一个螺旋上升的作用过程，即通过系统发挥监督、防御职能，通过审计能够及时地发现“病毒”和杀死

"病毒",并且具有稳定、可靠、实时的预警功能,在"病毒"未侵入之前,就发出警报,对潜在的风险进行揭示和抵御,极大地发挥其保障国家经济建设和社会健康发展的"防御"功能。

高校修缮工程项目跟踪审计是对审计方式的创新,是体现审计"免疫系统"具有"防疫功能"的重要形式。它将审计关口前移,将问题发现于萌芽状态,并及时予以处理,这样可以从源头上发现并遏制项目实施过程中存在的问题,从而避免事后审计的滞后性,降低发案率,充分提高审计效果。

第7章　高校修缮工程造价审计

高校修缮工程造价审计是由校内审计机构及其审计人员，根据国家有关法规政策，运用规定的程序和方法，对修缮工程项目工程造价形成过程中的经济活动和文件资料进行审查、复核的经济监督活动。从审计需求的角度来看，高校修缮工程造价审计是基于两个层面展开的：一个是借助中介机构对高校修缮工程造价的外部审计，另一个是内部审计机构对修缮工程项目工程造价的内部审计监督。但就造价审计的内容而言，基本是统一的。

7.1　高校修缮工程造价审计的内涵

高校修缮工程造价是指学校修缮改造一项工程，预计或实际在承包市场、设备市场以及技术劳务市场等交易活动中形成的建筑安装及装饰装修价格或修缮工程总价格。高校修缮工程造价审计就是对形成造价的法律依据、资料依据、相关的技术指标依据进行的真实性、合法性、合理性、效益性审计。

7.1.1　高校修缮工程造价审计的主体与客体

高校修缮工程造价审计的主体是实施审计活动的当事人。与其他专业审计一样，高校修缮工程造价审计的主体由社会审计组织和内部审计机构所组成。

社会审计组织是指经政府有关部门批准和注册的社会中介组织，如会计师事务所、造价咨询审计机构。它们以接受被审单位或审计机关委托的方式对委托审计的项目实施审计。

内部审计机构是指高校内设的审计机构。在我国，它由校长直接领导，应接受国家审计机关和上级主管部门内部审计机构的指导和监督。内部审计机构是高校修缮工程审计的主体。

无论是哪一种审计主体，在从事修缮工程项目造价审计工作时，必须保持审计上的独立性。审计的独立性是指项目审计机构和审计人员在审计中应独立于项目的建设与管理的主体之外，即审计机构和审计人员在经济上、业务上和行政关系上不与被审项目的主体发生任何关系。对于内部审计人员来说，独立性还要求其保持良好的组织状态和意识上的客观性，应不受行政机构、社会团体或个人的干涉。审计的独立性是审计的核心原则之一，是保证审计工作顺利进行的必要条件。独立性可使审计人员作出客观的、公正的鉴定或评价，这对正常地开展审计工作而言是必不可少的。审计的独立性应体现在修缮工程项目造价审计的全过程之中，主要表现在审计的实施阶段和审计报告阶段。

高校修缮工程项目造价审计的客体即审计主体作用的对象，按照审计的定义，审计的客体在内涵上为审计内容或审计内容在范围上的限定。修缮工程造价审计的客体是指项目造价形成过程中的经济活动及相关资料，包括前期准备、设计概算、施工图预算及竣工结算等所有工作以及涉及的资料，在外延上为被审计单位，在修缮工程项目造价审计中是指修缮项目的建设单位(归口管理部门)、设计单位、施工单位、监理单位以及参与项目建设与管理的所有部门或单位。

7.1.2 高校修缮工程造价审计的目的

高校修缮工程项目造价审计属于一门专项审计，其目的是确定修缮工程项目造价确定过程中的各项经济活动及经济资料的真实性、合法性、合理性、效益性。

7.1.2.1 真实性

真实性是指在造价确定过程中的各项经济活动是否真实，如账目是否真实明晰，有无列项目增设开支；资料内容是否真实，如单据是否真实有效，图纸与实体是否一致；计量计价是否真实，如工程量是否准确按规定计算，材料用量、设备报价是否真实。

7.1.2.2 合法性与合理性

合法性是指修缮工程项目造价确定过程中的各项经济活动是否遵循法

律、法规及有关部门的规章制度。在修缮工程项目造价审计中，主要审计编制依据是否经过国家或授权机关的批准、适应该部门的专业工程范围（主管部门的各种专业定额及取费标准），编制程序是否符合国家的编制规定。

合理性是指造价的组成是否必要，取费标准是否合理，有无不当之处，有无高估冒算、弄虚作假、多列费用、加大开支等问题。

7.1.2.3　效益性

效益性是指在造价确定过程中是否充分遵循成本效益原则，合理使用资金和分配物资材料，使修缮工程项目建成后的使用效益最大化。

7.1.3　高校修缮工程造价审计依据的层次划分

高校修缮工程造价的审计依据由以下三个层次组成。

7.1.3.1　法律法规

高校修缮工程造价审计时必须执行的法律法规主要包括《中华人民共和国审计法》《中华人民共和国审计法实施条例》《中华人民共和国国家审计准则》《中华人民共和国预算法》《中华人民共和国建筑法》《中华人民共和国价格法》等。

高校修缮工程造价审计时必须执行的法规，《第 3021 号内部审计实务指南——建设项目审计》规定：工程造价审计是指内部审计机构和内部审计人员依据相关法规和合同协议，对建设项目成本的组成及其真实性、合法性进行审查，对项目成本控制作出评价，以及对改进和完善工程成本管理工作提出意见和建议。

7.1.3.2　资料文件

高校修缮工程造价审计的资料文件主要包括勘察设计施工图、合同、可行性研究报告以及概算和预算文件、竣工图、现场签证、隐蔽工程影响资料等。

7.1.3.3　相关的技术经济指标

相关的技术经济指标，如造价审计中所依据的概算定额、预算定额、费用定额以及有关技术经济分析参数指标等。修缮工程项目审计的依据不是一成不变的，审计人员在使用这些依据时，必须要注意依据的适用性、时效性、地区性。

可见，高校修缮工程造价审计是指由独立的审计机构和审计人员，依据国家的方针政策、法律法规、资料文件和相关的技术经济指标，运用审计技术对修缮改造过程中涉及工程造价的活动以及与之相联系的各项工作进行的审查、监督和评价。

7.2 高校修缮工程造价审计的分类

高校修缮工程造价审计按审计主体可分为内部审计、内部审计与社会审计联合。各主体之间既有相互联系,也有明确分工。根据《国务院关于投资体制改革的决定》和《中华人民共和国审计法》,针对高校修缮工程造价审计而言,不同审计主体的审计范围和审计重点均有相应调整,更多的审计工作将由市场来配置,充分发挥内部审计和社会审计的作用。

高校修缮工程造价审计按时间划分,可分为以下两种类型。

7.2.1 事后审计

高校修缮工程造价审计有一种明显的事后审计的特征,采用报送审计的方式,一般是在工程竣工后由相关单位或归口管理部门报送竣工结算资料,也称为结算审计。

高等学校修缮工程往往项目数量多,涉及范围广,较为琐碎,而且单个项目的金额较低,部分的维修项目不存在能够使用的具有针对性的定额子目,施工过程细碎,签证条目烦琐。这导致了高校修缮工程结算审计成为专业难度大、复杂程度高的项目。

7.2.2 跟踪审计

工程造价审计的目的是追求造价形成的合理性、造价控制的有效性。要达到审计结果的有效性,就要有针对过程的监督。因此,必须要对修缮工程造价审计方式进行创新,变静态的事后审计为动态的跟踪审计,将工程造价的事后审核提前和扩展到工程造价形成全过程。高校修缮工程造价的跟踪审计是指将修缮工程建设全过程划分为若干阶段,审计人员在修缮工程建设过程中及时对各阶段或期间涉及工程造价的活动和文件进行审计,并及时作出审计评价和建议,有助于学校及时发现问题、解决问题,有效防范风险,强化管理,进而解决传统审计介入滞后带来的整改难的问题。

按工作流程来划分,审计阶段可分为前期准备阶段审计、设计概算阶段审计、施工图预算阶段审计及竣工结算阶段审计等。

按专业不同来划分，从社会审计与内部审计角度上通常详细分工为土建工程审计、水电工程审计、安装工程审计等。

总之，对修缮工程项目造价的审计在不同阶段、从不同角度有不同的划分和审计方法。

7.3　高校修缮工程造价审计程序

审计程序是审计机构和审计人员在审计工作中必须遵循的工作规程，对于保证审计质量、提高审计工作效率、确保依法审计、增强审计工作的严肃性和审计人员的责任感都有十分重要的意义。高校修缮工程造价审计程序分为四个阶段，即审计准备阶段、审计实施阶段、审计终结阶段和审计整改监督。

7.3.1　高校修缮工程造价审计准备阶段的工作

高校修缮工程造价审计准备阶段是整个审计工作的起点，直接关系到审计工作的成效，包括以下步骤：

1)接受审计任务，通知审计部门接受造价审计任务。主要途径有如下两种：根据学校任务安排，完成当年审计计划的审计；接受归口部门委托，根据制度要求安排修缮工程项目造价审计工作，包括专项审计工程(如小额抽查审计)。

2)组织审计人员，做好审计准备工作。主要有两种形式：一是内部审计人员独立承担修缮工程造价审计工作；二是根据工程复杂情况，合理借助社会审计力量，由内部审计人员与社会审计人员组成工作组，联合开展审计工作。

7.3.2　高校修缮工程造价审计实施阶段的工作

审计实施阶段是将审计的工作方案付诸实施，是审计全过程中的最主要阶段，主要包括：

1)进入施工现场，了解修缮工程建设过程。深入分析修缮工程情况，根据审计方案中确定的审计重点，进行实测实量工作，尤其是对设计变更部分的分项工程，及时调整原审计方案。

2)获取审计证据，编写审计工作底稿。围绕审计准备阶段制订的审计目标，以收集到的审计资料为依据，对修缮工程项目各个方面的造价进行审计，如工程量计算审计、定额套用审计、取费计算审计、施工做法合理性审计等，具体排查修缮工程项目经济活动中的疑点。通过合法有效的渠道获取审计证据，做出审计记录，编制审计工作底稿。被审计单位负责人应当对所提供的审计资料的真实性和完整性作出承诺。审计人员应本着实事求是、公正客观的基本原则，从技术经济分析入手，完善修缮工程造价文件中不确切的部分内容，必要时可实地调查取证，保证审计质量，达到审计目的，实现审计要求。

7.3.3　高校修缮工程造价审计终结阶段的工作

高校修缮工程造价审计终结阶段的主要工作包括：

1)撰写审计报告，征求被审计对象意见。审计实施阶段工作完成后，审计组撰写出审计报告，征求被审计对象如修缮工程项目的主管部门及造价有关部门的意见。被审计对象应当自接到审计组的审计报告之日起按照规定日期回复审计部门。

2)出具审计报告或审计意见书，提出处理建议。按照规定程序，对审计组的审计报告进行审议，并对被审计对象提出的意见进行研究后，提出审计机关的审计报告或审计意见书；对违反规定的有关行为，依法依规应当给予处理。

7.4　高校修缮工程造价审计的内容

按照工程造价形成过程，修缮工程从立项筹建到竣工交付使用的整个建设过程可划分为前期准备阶段、设计阶段、施工图阶段、竣工阶段等。各阶段的审计依据各不相同，审计内容各有侧重。

7.4.1　前期准备阶段的审计

7.4.1.1　前期准备阶段审计的工作内容与依据

该阶段工作是高校内部审计机构对修缮工程前期准备工作、资金运用情况、建设程序、概算预算的真实性、合法性、效益性及一致性进行的审计监督。前期审计阶段的主要依据包括：《中华人民共和国审计法》，高校相关规章制度，项目审批文件、计划批准文件和项目概算预算，项目前期财务支出等有关资料，施工图预算及其编制依据，与项目前期审计相关的其他资料等。

7.4.1.2　前期准备阶段审计的主要内容

高校修缮工程项目前期准备阶段审计的主要工作内容包括：项目立项审批、许可等基本建设程序执行情况及设计用途、设计规模、投资概算预算情况；项目初步设计概算、施工图预算编制情况；项目相关实施单位确定的程序及合同签订情况；项目资金来源渠道的真实性、合法性，已到位资金的真实性和项目前期资金使用的合法性；项目设计、监理、咨询服务等前期工作及其资金运用的真实性、合法性；法律、法规、规章规定的需要审计监督的其他事项。

7.4.2　设计阶段概算审计

7.4.2.1　设计阶段概算审计的依据与方法

1)设计阶段概算审计概述。高校修缮工程设计概算是学校对修缮工程实现科学管理和科学监督的重要措施。设计概算审计就是对概算编制过程和执行过程的监督检查，有利于修缮资金的合理分配，加强修缮资金的计划管理，缩小资金缺口。设计概算在投资决策完成之后、项目正式开工之前编制，但对设计概算的审计工作却反映在修缮工程项目建设全过程之中。按照审计要求，审计部门应在修缮项目概算编制完成之后立即进行审计，这属于开工前的审计内容之一。

修缮工程投资概算审计是保证概算编制质量的有效手段，对修缮工程投资控制起着关键作用，同时也可避免盲目追加投资所引发的风险。所以，加强高校修缮工程设计阶段的审计就变得十分必要。

2)设计概算审计的依据主要包括：

(1)国家法律法规，如《中华人民共和国预算法》。

(2)概算书，批准的设计概算或修正设计概算书。

(3)定额与价格指导文件，有关部门颁布的现行概算定额、概算指标、费用定额、建设项目设计概算编制办法，有关部门发布的人工、设备和材料的价格、造价指数等。

3)设计概算审计方法。一般采用会审的方法，可以先由会审单位分头审查，然后再集中讨论，研究定案；也可以按专业分成不同的专业班组，分专业审查，然后再集中定案；还可以根据以往经验，及参考类似工程，选择重点项目重点审查。

7.4.2.2 设计阶段概算审计的内容

按照审计署的相关规定和统一计划组织实施的建设项目审计工作方案要求，设计阶段概算审计的内容主要包括六个方面：

1)概算或调整概算是否依照国家规定的编制办法、定额、标准，由有资质的单位编制，是否经有权机关批准。

2)设计变更的内容是否符合规定，手续是否齐全。

3)影响项目建设规模的单项工程间的投资调整和建设内容变更，是否按照规定的管理程序报批，有无擅自扩大修缮规模和提高修缮标准的问题。

4)核实概算总投资，检查总概算表、综合概算表、单位工程概算表和有关初步设计图纸的完整性，审查概算调整原则、调整系数、调整增加的费用；总概算中各项综合指标和单项指标与同类工程技术经济指标对比是否合理。

5)审查设计单位设计收费内容、设计收费计算方法以及签订的设计收费合同是否符合国家规定。

6)对修缮工程项目超概算情况进行审计监督，分析其重大差异产生的原因。

7.4.3 施工图阶段预算审计

7.4.3.1 施工图预算审计概述

施工图预算是在施工图确定后，根据批准的施工图设计、预算定额、地区单位估价表、施工组织设计文件以及各种费用定额等有关资料进行计算和编制的单位工程预算造价文件。施工图预算是确定拦标价、投标报价以及签订施工合同的依据。在开工前或在建设过程中，审计人员应进行施工图预算审计。相对而言，施工图预算审计比概算审计更为具体，更为细致，审计工作量大，审计方法灵活，主要为控制工程造价、保证工程质量服务。

7.4.3.2 施工图预算审计的依据

施工图预算审计的依据主要包括：设计概算，施工图纸，预算定额，与人工、材料及机械的市场价格信息有关的取费文件，施工方案或施工组织设计，施工合同等。

在一定程度上，施工图预算审计与施工图预算编制在工作过程、工作要求与工作内容方面基本上是一致的，只不过审计人员与编制人员由于所处位置不同而导致工作角度不同。

7.4.3.3　施工图预算审计的主要内容

施工图预算审计主要是检查施工图预算是否突破设计概算，施工图预算的"量、价、费"计算是否正确，计算依据是否合理。施工图预算审计包括直接费用审计、间接费用审计、计划利润和税金审计等内容。

1)直接费用审计包括对工程量计算、单价套用的正确性等方面的审查和评价。

(1)工程量计算审计。一方面审查计算的工程量与图纸设计所示的尺寸数量、规格是否相符，另一方面审查计算方法和工作内容是否与工程量计算规则相一致。

(2)工程量清单计价审计。应检查实行清单计价工程的合规性；检查招标过程中，招标人或其委托的中介机构编制的工程实体消耗和措施消耗的工程量清单的准确性、完整性；检查工程量清单计价是否符合国家清单计价规范要求；采用工程量清单报价的，要检查其符合性；单价套用审计时，检查是否套用规定的预算定额，有无高套和重套现象；检查定额换算的合法性和准确性；检查新技术、新材料、新工艺出现后的材料和设备价格的调整情况；检查市场价的采用情况；检查由投标人编制的工程量清单报价文件是否响应招标文件；检查拦标价的编制是否符合国家清单计价规范。

2)其他费用审计，包括检查定额套用、取费基数、费率计取是否正确。

3)利润和税金计取的合理性。

4)合同价的审计。检查合同价的合法性与合理性，包括固定总价合同的审计、合同可调价的审计、成本加酬金合同的审计。检查合同价的开口范围是否合适，若实际发生开口部分，应检查其真实性和计取的正确性。

7.5　修缮工程结算审计

竣工结算阶段的审计是修缮工程审计的重要环节，它对于提高竣工结算本身质量、考核概算预算执行情况、正确评价投资效益、总结经验教训、改善和加强对修缮工程项目的管理具有重要意义。通过工程验收并编制竣工结算后即实行竣工结算审计，通过竣工结算审计后才可进行甲乙方的工程价款结算。竣工结算审计的完成，标志着对一个修缮工程项目投资建设阶段的监督告一段落和修缮工程造价审计的结束。竣工结算审计必须确保工程施工过程与竣工结算所反映的内容一致，施工图预算与竣工结算应前后呼应,竣工结算本身合理准确。

7.5.1 修缮工程竣工结算审计的依据

竣工结算审计与工程预算、标底(招标控制价)、工程量清单及投标报价审计的时间不同,但审计的最基本方法和内容基本是一致的,审计的依据也基本相同,只是审计竣工结算时还需审计人员再搜集工程实施过程中的一些资料,主要有以下内容。

7.5.1.1 法律文件依据

竣工结算阶段审计的法律文件依据是《中华人民共和国国家审计准则》。

7.5.1.2 相关技术资料

1)工程合同文件及补充协议、投标文件等资料。

2)工程竣工图及竣工相关资料,经批准的施工图预算以及有关定额、费用调整的补充项目,图纸会审纪要。

3)工程材料价格确认资料,材料、设备及其他各项费用的调整文件。

4)双方确认的追加(或扣减)工程价款。

5)现场签证、工程变更、索赔、现场签证事项及价款。

6)隐蔽工程检查验收单、竣工验收报告、竣工结算文件。

7.5.2 修缮工程竣工结算审计的目标与内容

7.5.2.1 修缮工程竣工结算审计的目标

修缮工程竣工结算的审计目标与修缮工程预算的审计目标一致,主要是对工程项目成本的实效性、合法性进行审查和评价。

1)确定竣工结算的真实性,即检查竣工结算资料与竣工图和实际工程是否一致。

2)确定竣工结算资料的有效性,即确认每一类工程资料必须是真实有效的,如竣工图,必须有学校归口管理部门或经授权的监理单位责任人签字确认,变更材料核价表、清单外单价审批等工程签证要有学校归口管理部门或经授权的监理单位责任人确认。

3)确定竣工结算的合法性,主要是查证竣工结算的编制是否符合相应原合同、定额标准和有关规定,认定竣工结算的合法性,即检查其作为竣工结算的合法依据,确保其具有法律效力。

4)确定竣工结算的正确性,主要检查各项计算是否符合有关规定,内容、计算结果是否合理、准确，是否存在虚假与错误，验证竣工结算编制的可靠性。修缮工程的竣工结算审计是工程造价控制的最后一道关卡，也是审计工作的重点。

7.5.2.2　修缮工程竣工结算审计的内容

随着修缮工程造价管理模式的发展，工程合同计价方式的不同以及审计重心的前移，结算审计的内容也有所不同。一般修缮工程竣工结算的审计包括以下内容：

1)对工程合同及履行情况的审查。工程合同是明确建设、施工双方责任、权利、义务的重要文件，合同签订方式也直接影响工程竣工结算的编制与审计。在进行工程竣工结算审计时，首先必须了解工程价款的形式及价款调整的约定条款。尤其是早期没有参与工程、对工程情况不熟悉的审计人员，更应首先研读施工合同及补充协议、招标投标文件，正确理解相关条款约定。然后对照合同相关条款审核双方是否存在违约行为，并确定审计重点，主要注意以下内容：

(1)合同范围的约定。审核工程施工合同，审核该工程是否具备办理竣工结算的条件，确认合同价款包括的施工范围是施工设计图范围内的全部工程还是部分工程。审计时，应根据竣工图并结合现场查看是否完成了所有内容，是否有变更增减项目。修缮工程特别应关注未做工程项目，需要扣减相应价款。

(2)合同计价方式。审核计价方式是工程量清单计价还是定额计价。工程量清单计价模式被广泛应用及推广后，我国规定全部使用国有资金投资或以国有资金投资为主体的建设工程均执行工程量清单计价。工程量清单计价模式与传统的定额计价模式有很大的不同，因而在合同的相关条款上结算方式也有很大的区别，而《建设工程工程量清单计价规范》(GB 50500—2013)与《建设工程工程量清单计价规范》(GB 50500—2008)相比在有关计价条款数量、条款深度方面也有了较大的改变。对传统的定额计价，合同条款中常约定工程结算造价按约定地区的相关计价定额、指导信息价及取费标准计价后，整体下浮一定的比例。对工程量清单计价而言，若合同条款的约定为采用固定单价合同，合同中应明确固定单价包含的风险范围，禁止在工程总价基础上进行优惠(或降价、让利)，投标人对投标总价的任何优惠(或降价、让利)应反映在相应清单项目的综合单价中，且在合同中明确约定工程量变化时，是否调整综合单价以及如何调整等内容。审计人员应注意区别不同计价方式下的价格确定方法，注意审核合同约定的合同价款方式，审核其是否与投标文件中的承诺相符。

(3)合同中特殊条款的约定。对照合同中工期、质量、违约责任等条款，审核双方是否完全履行合同，是否存在违约行为，审计人员应正确理解合同条款的约定。施工合同是由建设方、施工方共同签订的，双方的权利、义务以合同中约定的为准。如出现争议，应当以合同为解决争议的依据。审计时，一定要认真阅读施工合同，正确理解合同条款约定，才能在审计过程中发现问题，并采取正确有效的解决方法。

2)对经济指标的审查。审核各单位工程的经济指标，计算各单位工程的工程技术经济指标并与该地区的平均造价指标相比较，以此决定审计重点与审计方法。

3)对工程量的审查。工程量的审查工作是造价审计中的一个重要环节，是结算审计的基础工作，特别是采用工程量清单计价的工程。《建设工程工程量清单计价规范》(GB 50500—2013)规定，结算时工程量应按履行合同义务过程中实际完成的工程量计量，若发现工程量清单中出现漏项、工程量计算偏差，应按实计量。因此，工程量审计的准确与否，直接影响到工程价款的结算工作与工程项目的造价控制。对工程量的审查重点为以下两方面：

(1)原合同范围内的工程量。对工程原合同范围内工程量的审计是工程结算审计的重要组成部分，也是降低审计风险的重要保证。对于采用施工图预算计价合同的工程项目，应审查工程是否完成了合同规定的工作内容，是否按施工图、合同规定的内容、范围、方法、工艺、材质等施工，审核发包图样的工程内容、范围、方法、工艺、材质，结合隐蔽工程资料、验收资料，并到工程现场进行踏勘等方式进行核实。为保证合同的严肃性，已完成的合同内项目的工程数量按合同约定，对原合同中未完成的项目内容应予以核减。

对于采用工程量清单计价的修缮工程项目，根据《建设工程工程量清单计价规范》(GB 50500—2013)的规定，采用经审定批准的施工图纸及其预算方式发包形成的总价合同，除按照工程变更规定的工程量增减外，总价合同各项目的工程量应为承包人用于结算的最终工程量。这意味着，在总价合同中,工程量的偏差将直接影响到承包人的利益。

根据相关规范,总价合同允许的工程量偏差可分为两类:一类是工程量清单中的工程量偏差,另一类是施工图纸中的工程量偏差。

①工程量清单中的工程量偏差。工程量清单中的工程量偏差指的是承包人在投标过程中未发现工程量清单中的错误导致实际施工过程中的工程量的增减。根据相关规范,工程量清单中的工程量偏差允许范围为合同价的5%。也就是说,如果一个工程的合同价为400万元,那么工程量清单中的工程量偏差允许范围为20万元。如果工程量偏差超过了这个范围,承包人需要承担超出部分的风险。

②施工图纸中的工程量偏差。施工图纸中的工程量偏差指的是承包人在投标过程中未发现施工图纸中的工程量错误,导致实际施工过程中的工程量的增减。根据相关规范,施工图纸中的工程量偏差允许范围为合同价的2%。同样的,如果一个工程的合同价为400万元,那么施工图纸中的工程量偏差允许范围为8万元。如果工程量偏差超过了这个范围,承包人需要承担超出部分的风险。

需要注意的是,以上所说的工程量偏差允许范围是指总工程量的偏差,而不是单个分项工程量的偏差。此外,工程量偏差的具体允许范围可以在合同中进行约定,双方可以根据实际情况进行协商。

采用经审定批准的施工图纸及其预算方式发包形成的单价合同,竣工结算时,原合同范围内的工程量应按承发包双方在合同中的约定对应予以计量,且实际完成的工程量需要确定,工程量按实计取,其审计方法与施工图预算工程量的审计方式相同。竣工图是编制结算文件的重要依据之一,应如实反映工程实际情况;竣工图应根据施工图、设计变更单、技术核定单、隐蔽记录等工程签证汇总绘制。施工单位在编制竣工结算时常会有意或无意地扩大工程量,审计人员将上述有关资料与竣工图进行对比,就能发现差异并按相应工程量计算规则核查工程数量。

审计人员需注意的是,当工程量清单项目工程量的变化幅度超过一定幅度时,该部分项目单价的变化。例如,一般工程量清单项目工程量的变化幅度超过10%,且其影响分部分项工程费超过0.1%时,受益方需在合同约定时间内向合同的另一方提出工程价款调整要求,由承包人提出增加部分的工程量或减少后剩余部分的工程量的综合单价调整意见,经发包人确认后作为结算的依据，合同中有另外约定的则按合同执行。

(2)原合同范围外的工程量。原合同范围外的工程量主要包括由于设计变更、额外增加的工程、合同容许的原清单漏错项的调整等。合同范围外工程量的审计应注意两方面问题：

①资料的真实有效性。如设计变更单必须是由设计单位编制，则设计变更资料上应有设计人员签名和设计单位印章，并且该项变更必须经建设单位同意。

②工程量计算的准确性。工程量计算应遵照工程计算规则，在工程量审核过程中，对审核中出现的疑问可深入施工现场逐一核对、查实，全面掌握工程实况，尽量减少和避免计算误差。

7.5.2.3　工程变更与现场签证的审查

工程变更是指在工程项目实施过程中，按照合同约定的程序对部分或全部工程在材料、工艺、功能、构造、尺寸、技术指标、工程数量及施工方法等方面作出的改变。工程变更往往是由设计单位、承包人或工程监理方根据工程实际情况对承包合同的设计资料作出的补充、完善、优化、做法确认及根据发包人要求的功能改变而作出的相应变更。现场签证是由发包人现场代表与承包人现场代表就施工过程中涉及的责任事件所作的签证证明，如关于零星用工量、零星用机械量、设计变更或工程洽商等致返工、合同外新增零星工程量的确认证明。工程变更与签证是工程结算审计的重要内容，工程签证审计是一项政策性、技术性、经济性都很强的工作，审计人员应具有法律、技术、经济方面的足够知识储备和丰富的工程审计实践经验，应充分研究工程合同、招标文件、投标文件中价格的组成，注意不可顺着承包人的计价思路进行结算审计，避免在审计时落入承包人的价格“陷阱”。

由于工程变更涉及的内容广泛，构成原因复杂，规律性较差，发生的时间长，给竣工结算的审核增加了难度。对工程变更、现场签证的审计包括以下几方面：

1)审计工程变更与签证内容的真实有效性。

(1)对变更通知单的审核。符合要求的工程变更必须有变更通知单，并有建设单位、施工单位的签字盖章。对于影响较大的结构变更，必须有设计部门的确认。审计人员应审核变更手续是否合理、合规，可通过实地勘察或施工验收记录，确认设计变更的真实性。

(2)对签证的有效性与合法性的审核。审计人员须正确甄别现场签证的有效性与合法性,检查现场签证的签字或盖章是否齐全有效,签字人员是否为合同中规定的相关人员,否则应视为无效签证不予采用;审核签证的内容是否真实、签证的真实意图,审核时要做好调查研究,对签证程序及内容进行认真分析、区别对待,并不是所有签证都可照搬照用,如有的现场签证仅表示该事件的真实性,并不代表有相应费用。判断现场签证的有效性与合法性还应和招标投标文件、施工合同、施工情况等资料结合起来,如对于措施项目费的签证就应根据具体问题具体分析。

2)审计变更与现场签证的准确性。

(1)对工程变更内容计算准确性的审核。审计人员须审核工程变更部位的工程量增减是否正确,审核工程变更部位的增减变化是否得到了如实的反映,施工单位在编制结算资料时,常常会记录增加的工程内容,而对减少的工程会选择遗忘;审核工程变更的计算过程是否规范,对工程变更的审核重点应放在工程量是否重复计算上,对变更所发生的费用,应严格根据合同和有关协议分清责任方和费用的承担方,必要时审计人员需要现场测量与核实。

(2)对签证内容、数据客观性的审核。现场签证审计时应认真分析签证内容、数据是否客观公正,有无重大偏差现象,签证事件的责任方是谁,是否属于合同允许调整的范围等。虽然有时工程中发生了变更及签证,但并不意味着一定有费用产生。在工程结算中,隐蔽工程的签证也常引起争议,因为签证人员往往在重视技术及工期的前提下,或者由于现场管理人员本身的素质,忽视了计费问题,导致出现对原分项工程内已包括的内容进行重复签证的现象。对因施工方管理不善所增加的工程量,即使三方会签手续齐全也不能给予另外取费。

(3)对工程变更项目单价与费用的审计。审计人员应根据工程变更的具体情况审核其单价。例如,对因分部分项工程量清单漏项或非承包人原因的工程变更,导致增加新的工程量清单项目的,其对应的综合单价可按下列原则确定:合同中已有适用的综合单价,按合同中已有的综合单价确定;合同中有类似的综合单价,参照类似的综合单价确定;合中没有类似的综合单价,由承包人提出综合单价,经发包人确认后执行。对因分部分项工量清单漏项或非承包人原因的工程变更的,引起措施项目发生变化,造成施工组织设计或施工方案变更的，原清单措施费中已有的措施项目按原措施费的组价方法调整；原措施费中没有的项目，由承包人根据措施项目变更情况，提出适当的措施费变更，经发包人确认后调整。因承包人原因引起的工程量增减，该项工程量变化在合同约定幅度以内的，应执行原有的综合单价；该项工程量变化在合同约定幅度以外的，其综合单价及措施费应予以调整。现场签证的费用应依据发、承包双方签证资料确认的金额计算。

(4)对工程变更合理性的审计。当前的建筑市场竞争激烈，施工单位为取得工程承包权，报价时往往压缩利润空间，而在工程实施过程中充分利用工程变更来增加利润。因此，对于有条件实施跟踪审计的项目，应对修缮工程项目实行跟踪审计或部分跟踪审计，特别应注意加强对工程变更合理性的审计，考虑工程变更的必要性、经济性、优化性，不仅将工程变更文件作为审计的依据，还应将它作为审计对象加以监督，从而更有效地控制工程造价。

一般有了设计变更是可以不再需要现场签证的，当设计变更文件不能正确反映整个变更涉及的工程量时，则需要现场签证加以补充。签证当事人应负责签证工程量的准确性。当然，如果合同约定发生了设计变更，双方也应办理签证。

7.5.2.4 竣工结算与设计概算对比审计

这部分工作的重点是在工程竣工结算审计的基础上，进行概算对比分析，查证超支或节约的原因。另外，在对该审计内容进行审计时，还要注意将造价部门的结算书与财务已入账的结算进行核对，审查是否存在漏项或其他项目的结算挤占该项目的问题。通过对工程结算审计结果的分析，从根本上查找超概算或节约的原因，进而评价内部控制管理的有效性，真正揭示高校与施工企业的管理状况和存在的问题。

7.5.3 材料与设备费审查

材料与设备费是整个工程造价中所占比例最大的部分，又是工程造价中最活跃的部分，如何审核材料价格，将材料费控制在合理水平上，对整个工程造价的控制尤为重要。竣工结算材料价格审核的关键是审核材料的价格、调整是否按照合同约定进行。按工程量清单计价的工程一般采用固定综合单价，这个价格一般是不变的，材料的价格也是不变的，但为体现风险共担的原则，当施工期内主要材料的市场价格波动超过合同约定幅度时，则按照合同事先的约定来调整材料价格、调整工程价款，调整的方法按照合同中商定的方法；如果合同没有约定或约定不明确，则按照工程所在地建设行政主管部门的规定执行。审计人员应对材料价格变化的真实性进行审核，对调整材料费计算的正确性进行审核。招标时对有些材料的计算采用的是暂估价，一般由甲方列出材料的暂估单价及使用范围，乙方按照此价格来进行组价，结算时审计人员应认真审核这部分材料的价格、用量。另外，工程变更、材料代用等情况下的材料费均需要进一步审计。材料费的审计重点在于对材料用量计算准确性和材料价格的真实性方面进行审计，主要有以下几方面：

1）主要材料消耗量数据是否准确。这主要通过材料分析进行判断，对钢筋等主材应进行抽样计算分析，特别是有些项目签合同时钢筋是按含量计算的，结算时应据实调整计算。

2）审核材料价格的真实性。认真审核材料价格，搞好市场调研，是提高审计质量的一个重要环节。工程实践中大量修缮施工合同中关于材料价格约定的相关条款为材料价格执行某地某期价格信息，结算时主体结构中所用的材料价格及安装主材价格遵照此约定。对于装饰装修工程中所用材料，由于品牌、档次的不同，价格也千差万别，有关价格的信息却存在缺失或不能真实反映工程所用材料的情况。对于合同中没有约定的，一般处理办法为：有建设方签字确认价格的执行该价格，建设方无签字确认价格的参照同期市场价。审计过程中，应由施工方提供经建设方认可使用于该工程的材料品牌、档次的相关资料，然后根据这些资料有的放矢地进行市场调研，提高询价的工作效率。同时，审计人员也应该清楚地知道，材料供应商的报价与实际的材料采购价之间会存在一定的差距。

3）对材料代用和变更的审核。检查其是否有签证，对材料代用和变更手续的有效性进行审计，检查其手续是不是完善和有效的；另外要注意价格的真实可靠性，检查其是否为施工期间的真实价格，材料市场价格波动较大，对这部分价格的审核要注意其使用的材料价格是否与修缮工程施工时的价格相吻合，是否与合同约定相一致。审计人员应严格按合同约定计算方法正确核定材料价格，同时对有疑问的材料价格还要认真做好市场询价调研，认真核实。

4）审核工程中设备与材料划分是否准确，计价方式是否符合合同约定，特别注意设备价格容易出现的重复计列的问题。另外，常出现设备和材料重复计取运杂费的现象，如有的设备价格按合同约定为运至现场价，结算中在该合同价的基础上又计取运杂费，造成费用的重复计算。

7.5.4 修缮工程竣工结算审计的方法

工程造价审计的主要方法有重点审计法、现场检查法、对比审计法等，实践中结算造价的审计方法与预算造价的审计方法总体上是相似的，但由于竣工结算的特殊性，在竣工结算审计中使用较多且效果也较好的是以下几种方法。

7.5.4.1 全面审计法

全面审计法就是将工程竣工结算书及造价有关方的招标投标、合同等文件对照图样、变更、签证、实物、国家和地方定额、政策性文件进行全面审查，对有变化的工程量进行计算核实，对有变化的定额子目进行套用或换算，对有变化的材料数量及价格进行一一确定，对所有规费进行一一计取，然后直接得出审计定价。这种审计方法的优点是全面、细致、审计质量高、效果好，缺点是工作量相对较大、时间长。

7.5.4.2 重点审计法

重点审计法主要适用于国内采用总价合同的工程，审计重点放在工程变更和索赔上，其优点是重点突出，所花费的审计时间短，效果好。审计人员也可以利用其他审计方法作为补充，以保证审计的准确性、高效性。

7.5.4.3 现场检查法

现场检查法是指对施工现场直接考察的方法，可以通过观察现场工作人员及管理活动，检查工程量、工程进度，所用材料质量是否与设计相符，是否与其报审的相符。例如某高校实验楼修缮工程项目，审计人员先是采用了全面审计法对该工程进行了审计，在考察现场后发现，该工程原设计中的大厅、楼梯层面、走廊均铺设花岗岩面层，而实际上该项目仅是在楼梯层面铺了花岗岩，其余均做成了地砖面层。施工过程中学校已经出具设计变更，但竣工图、报审结算资料都没有提到。另外，该项目中还存在部分采用低档材料等若干问题，这些问题若不是经现场检查，采用其他审计方法是无法发现的。

竣工结算审计的方法有多种，审计人员在审计前应收集与竣工结算有关的各种资料，明确审计重点，选取合适的审计方法，可根据情况采用一种或综合使用几种审计方法,目的是取得好的审计效果。

7.5.5　高校修缮工程结算审计问题分析

高校修缮工程施工之前,通常不设置详细的施工计划和图纸,工程队伍结构零散、人数少,突发抢修工程多,一般不具备进行精准预算的能力。高校修缮工程结算审计是修缮工程投资控制的最后一环,直接影响资金使用效率。目前高校修缮工程结算审计存在诸多问题,严重影响审计质量,主要包括以下几类。

7.5.5.1　送审资料的完整性与真实性

在送审的结算资料中,有的施工单位会故意漏掉有可能导致工程造价审减的设计变更单或施工签证。很多修缮工程无竣工图,有的尽管有竣工图但与实际情况不符,给审计人员现场工程量的核实造成困难。

7.5.5.2　人为因素影响

许多修缮工程属于造价偏低项目,项目造价越低,审减越少。根据国家有关法律法规要求,造价偏低项目结算审计费计取偏低,审计人员主观上可能存在重视大工程轻视小项目的心理。若是专业能力受限甚至职业操守出现问题,将会进一步加剧修缮资金的流失。

7.5.5.3　结算审计事后审计不易发现的常见问题

因为修缮工程大多采用事后审计,缺乏有效的过程控制,并不能发现施工过程中可能存在的诸如偷工减料行为等问题,具体体现为:

1)虚报工程量。修缮工程由于单体工程量一般较小,材料采购价格一般偏高,且存在虚报工程量、重复计算工程量等现象。例如,在新建工程中地板砖会大面积使用,但在修缮过程中材料用量少,易出现材料价格虚报、隐蔽工程量虚假等情况。

2)高套定额,单价虚高。如对某高校 5 万元以下修缮项目内审抽查时发现,部分项目结算单价虚高,均存在高套定额、材料价虚高等问题。材料价格高于市场价或地区信息价,而且其结算计税方式仍然为营业税,违反了财政部、国家税务总局颁布的《关于全面推开营业税改征增值税试点的通知》(财税〔2016〕36 号)中自 2016 年 5 月 1 日起建筑业由缴纳营业税改为缴纳增值税的规定。

7.5.6 提高高校修缮工程结算审计水平的方法

7.5.6.1 形成完善的规范细则,设立严谨的审计流程

1)提高监督水平,完善规范细则。首先,通过招标的方式对施工企业进行严格的考核,参照施工企业以前的施工业绩进行评估,尤其关注施工企业是否有不良记录。其次,对施工企业的材料进行严格检查和审核,避免出现施工资料不全、不规范现象。最后,审计过程必须按照要求进行,对出现结算书不规范、施工资料不按照规定时间准备的施工企业予以处罚。

2)对施工企业的各项工程款项进行金融风险评估,保证每笔资金的绝对安全,且要避免出现施工方哄抬造价、乱花钱等现象,一旦出现上述现象,必须按照规定予以重罚。

3)重视监督、复核过程。建设单位除了要进行审核、审计之外,还要对工程质量和工程进度进行监督;除了要严格规范报审施工资料之外,还要对各种单据、结算书等材料进行复审。初审过程中往往因为时间紧迫或者各种外界因素的干扰,致使有些问题没有被发现,所以复审是非常有必要的。

7.5.6.2 加强对修缮工程细节的审计力度

1)对修缮工程的审计最主要体现在对工程量的审核上,这就要求审计人员要有过硬的能力,熟练掌握审计过程、计算方法、计算规则,并且要透彻了解修缮工程现场施工过程,确保不漏掉每一个细节。

2)要对各种施工材料、设备的价格进行审核,主要审查施工企业采购的施工材料是否符合修缮工程质量标准、采购的施工材料价格是否合理、是否出现虚报价格等情况,对相关发票的真伪和合法性进行严格的辨别。这就要求审计人员了解材料市场、了解施工过程,需要审计人员对材料市场进行调研,对施工过程进行跟踪。

7.5.6.3 改进审计方法

审计的质量和速度在很大程度上取决于审计的方法,由此可见,合理改进审计方法是非常有必要的。对于高校审计来讲,对修缮工程的每一步都进行监督和审计显然不现实。这就要求审计人员要注意工作的合理性,既能确保审计工作的顺利进行,又能保证不浪费时间。优化审计方法,重点应放在有争议的工程上,在审计过程中做到有计划、有程序、有落实、有监督。

有计划是指在审计工作开始之前,对审计过程进行科学的计划。有程序是指在审计过程中,前后工作要有条不紊地开展。有落实是指在审计工作开展过程中,每个人需做好自己的工作,按照计划实行。有监督是指在审计工作中,除了具体实施审计的工作人员外,还要有一定的监督体系,主要就是对负责审计的工作人员的日常工作进行监督,除了做到查漏补缺外,更重要的是避免出现外界因素的干扰,从而影响审计结果的准确性和真实性。

参考文献

[1]李建峰，李晓钏，赵剑锋.工程项目审计[M].北京：机械工业出版社，2021.

[2]赵庆华，余璠璟，邵荣庆.工程审计[M].北京：机械工业出版社，2020.

[3]谢冰莹，彭华，沈桂娟.审计视角下高校修缮工程管理问题及对策研究[J].中国农业会计，2023，33(23)：86-88.

[4]凡任宽.高校修缮工程成本管理及控制研究[J].建筑设计管理，2023，40(07)：37-42.

[5]杨颖.精细化管理视野下的高校房屋修缮工程项目管理研究[D].武汉：华中师范大学，2012.

[6]孙培芹.基于内控视角的高校修缮工程管理问题与对策研究[J].工程经济，2021，31(10)：31-34.

[7]何继善，王孟钧，王青娥.中国工程管理现状与发展[M].北京：高等教育出版社，2013.

[8]孙培芹，孙盈，念晓飞，等.高校工程管理审计面临的困难与对策研究[J].中国内部审计，2022(10)：19-25.

[9]颜永强.高校修缮工程结算审核的实践与思考[J].住宅与房地产，2019(24)：35.

[10]彭红涛.工程造价管理[M].北京：中国水利水电出版社，2012.

[11]戴晓燕.工程造价[M].北京：化学工业出版社，2016.

[12]周国恩,陈华.工程造价管理[M].北京:北京大学出版社,2011.

[13]潘庆.高等学校修缮工程绩效审计评价指标体系构建及应用研究——以×大学为例[D].成都:西华大学,2023.

[14]冯琴.高校内部审计工作质量提升路径研究[J].中国内部审计,2021(11):26-29.